文
景

Horizon

社 科 新 知　文 艺 新 潮

克劳德·列维-斯特劳斯

我们都是食人族

廖惠瑛 译

Nous sommes tous des cannibales

Claude Lévi-Strauss

上海人民出版社

感谢莫妮可·列维－斯特劳斯（Monique Lévi-Strauss）在本书出版的每个阶段所给予的关心与无私奉献。

——莫里斯·厄伦德

目 录

前　言

本书收录的十七篇文章，是列维－斯特劳斯（Claude Lévi-Strauss）于1989年至2000年间，应意大利《共和报》（*La Repubblica*）之邀而写，文章皆以法文书写，且未曾收录于其他书籍。

在这些文章里，列维－斯特劳斯皆由一则时事出发，进而阐释某些当代重要议题。但无论是关于被称作“疯牛病”的疾病疫情，或食人主义的种种形式（食物性质的或疗愈性质的），或与某些习俗仪式（女性割礼或加上男性割礼）有关的种族偏见，列维－斯特劳斯总在引述西方现代化奠基者之一，蒙田（Montaigne）所说的“每个人都将不符合自己习惯的事称为野蛮”的同时，尝试去了解这些当下发生的社会现象。

因此列维－斯特劳斯认为，要理解所有“如此奇怪、令人惊异，甚至显得令人作呕”的习惯、信仰或习俗，得先认知它们的独特背景。1992年，蒙田逝世四百周年时，列维－斯特劳斯重新思考一个始终紧扣时代脉络的哲学议题：“一方面，启蒙时代的哲学批评历史上所有的社会形态，独尊理性社会为乌托邦；另一方面，相对主义弃绝所有绝对性的准则，认为任何文化皆无法评断与它不同的其他文化。自蒙田以来，人们效法他的做法，总是不断寻找解决这个矛盾的出路。”

和列维－斯特劳斯的其他作品一样，本书书名来自其中一个章节，强调无法分割“神话思维和科学思维”之间的关联，却未将后者化入前者。列维－斯特劳斯提醒我们，在被称为“复杂的”社会与（错误地）被认定为“原始且落后的”社会之间，并不存在人们长久以来想象的那种鸿沟。这样的看法，来自一种研究步骤，也是一种能够在日常生活中被理解的研究方式：“远方照耀近处，近处也能照亮远方。”

这本书的首篇文章，是1952年列维－斯特劳斯为《现代》（*Les Temps Modernes*）期刊所写的《被处决的圣诞老人》（Le Père Noël supplicié）。文中已“实践”这种远近互照的观察方式。

讲述到一个近期才出现的西方社会仪式时，列维－斯特劳斯写道：“在民族学家自己的社会中，很难得能够有这样的机会去观察一个仪式，甚至是一种崇拜这般微妙的发展。”然而他很谨慎地立即说明，要了解我们自己的社会是最简单同时也最困难的。“最简单，是因为经验传承是每时每刻且巨细靡遗的；但也是最困难的，因为只有在极为罕见的机会下，我们才能察觉社会转变的极端复杂性，就算是最受限制的转变。”

在这些20世纪末写下的专栏里，我们可以看见这位伟大人类学家的卓见，与他始终存在的悲观主义。而在被翻译为三十多种语言后，他的作品从此将标志着21世纪的开端。

莫里斯·厄伦德[1]

---

1 莫里斯·厄伦德（Maurice Olender，1946— ），法国历史学家、考古学家。——编者注

被处决的圣诞老人

Le Père Noël supplicié

出自 *Les Temps Modernes*, no.77, 1952, p. 1572—1590

1951年，法国的圣诞节因为一桩争议事件而让所有人印象深刻，当时报章杂志和舆论激动沸腾，给节庆日本该有的欢乐气氛添增了不寻常的尖酸辛辣。几个月以来，教会多次通过几位主教之口，表达他们不能苟同“圣诞老人”在许多家庭与商业活动中受到的与日俱增的重视。主教们谴责这是一种令人担忧的“异教化”（paganisation），在耶稣诞生日，将众人的心灵由这个专属天主教的庆典，导向一个没有宗教价值的神话。

这样的攻击在圣诞节前夕更进一步，而新教教会则以较为谨慎，但同样坚定的态度表示他们与天主教教会持同样的看法。

在这之前，报纸上的读者来信以及社论表达了各式各样的意见，但大抵都反对教会的立场，因而显现出这个事件值得玩味之处。最后，事件在12月24日达到了高潮。《法兰西晚报》（*France-Soir*）在一篇活动报道中如此描述:

在教徒们的孩子面前

圣诞老人在第戎大教堂前庭

被处以火刑

第戎（Dijon），12 月 24 日，《法兰西晚报》

圣诞老人在前一天下午被吊挂在第戎大教堂的栏杆上，并在教堂前庭被公开焚毁。这个令人瞠目结舌的处决在数百名教徒的孩子面前进行，并由指控圣诞老人为篡位者和异端邪教的教士所应允。圣诞老人被指责将圣诞节异教化，而且扎根在这个节庆中，像只布谷鸟，逐渐占据愈来愈重要的地位。他最受非议之处，是他还涉入了所有公立学校，尤其是被严格禁止的幼儿园。

星期日下午 3 点，这位有着白色大胡子的不幸老人，就像许多无辜的人一样，替人们所认为的罪行付出了代价，观众则为处决鼓掌喝彩。火焰燃烧着老人的胡子，他在烟尘中倒地不起。

处决之后，一篇新闻稿公诸世间，主要内容如下：

250 名孩子代表教区内所有挺身对抗谎言的基督教家庭，集结在第戎大教堂的大门前，焚毁了圣诞老人。

这不是一项余兴表演，而是一个具有象征意义的动作。圣诞老人成为祭品，以身殉道。事实上，欺瞒哄骗的谎言并不能唤起孩子的宗教情怀，而且无论如何都不是一种教育的方式。那些人居然表示想要以圣诞老人来反对鞭子老爹[1]。

对我们教徒而言，圣诞节应该只是一年一度庆祝救世主诞生的节日。

圣诞老人在第戎大教堂的前庭被处决，引发了民众各种不同的评价，在天主教徒间也引起了热烈的讨论。

然而，这个过早的表态，可能导致主导者无法预期的后续发展。

第戎因为这个事件而分为两个阵营。

第戎的一些人，等待着前一天在大教堂前庭被谋杀的圣诞老人复活。他们认为圣诞老人将于这一天下午 6 点在市政厅重生。实际上，有份正式的公报宣称，圣诞老人将如同以往每一年，在解放广场召集第戎的孩子们，然后在市政厅的屋顶高处，在聚光灯的照射下对孩子们演说。

---

1 鞭子老爹（Père Fouettard）是传说中与圣尼古拉（Saint Nicolas）一起出现的人物，当圣尼古拉发送礼物给乖小孩时，鞭子老爹则用袋子里的皮鞭处罚坏人及不听话的小孩。——译者注，若无特殊说明，全书下同

第戎的市长及国会议员，也是议事司铎的基尔（Chanoine Kir），在这个棘手的事件中则避免采取任何立场。

同一天，圣诞老人被处决一事成为新闻头条，所有的报纸都评论了这个事件，其中有些甚至以社论来讨论，例如前文所引述的《法兰西晚报》。众所皆知，《法兰西晚报》是法国发行量最大的报纸。第戎教士的态度普遍令人鄙夷，以致教会当局似乎都认为暂缓攻击比较好，或至少持一种隐约的保留态度；然而，牧师们在这个问题上却看法各异。这些文章的大部分论调，都是很有分寸又充满感性的：相信圣诞老人的存在是一件美好的事，并不会伤害任何人，孩子们从中得到巨大的满足，成为长大后美好回忆之源，等等。然而事实上，人们并没有回答问题，只是在回避。因为问题并不在于解释圣诞老人讨孩子们欢心的理由，而是必须说明促使成人创造圣诞老人的原因。无论如何，这些极为一致的反应，毫无疑问地显示出公众的意见与教会有分歧。即使事件本身很微小，造成的反响却很大。因为自从"二战"德军占领期以后，法国以无宗教信仰者为主的舆论界与宗教已逐步达成和解，像MRP[1]这样一个宗教色彩鲜明的政党加入政府议会就足以作为证明。同时，传统上反对教权的人也察觉到，他们意外获得

1 MRP（Mouvement Républicain Populaire）指的是人民共和运动党。此政党创建于1944年，被归类为奉行基督教民主主义的政党。现已解散。

了一个的机会：在第戎或者其他地方，他们成了备受威胁的圣诞老人的保护者。然而，圣诞老人却也因此成为不信教的象征。这是何等矛盾！因为在这个事件中，教会仿佛采取了一种渴求诚实与真相的批判精神，而理性主义者反而化身为迷信的捍卫者。这个明显的角色错置暗示了更深层的现实：我们正处于一个具有象征意义的事件中，代表了习俗与信仰的快速演变，首先是在法国，但在其他地方可能也如此。在民族学家自己的社会中，很难得能够有这样的机会去观察一个仪式，甚至是一种崇拜这般微妙的发展；在当中探寻它的原因，研究它带给宗教生活其他形式的冲击；最后尝试去了解，这些现象涉及了哪些既是心理上也是社会上的集体转变。关于这些现象，拥有许多传统经验的教会乐于赋予它们一个重要价值，使人们不会有错误判断。

*

“二战”结束后三年，也就是经济活动回到正轨以来，法国的圣诞节庆祝活动发展到战前未见的规模。当然，受到美国的影响是主因之一。于是我们看到：大型圣诞树竖立在十字路口或交通要道上，夜晚闪烁着灯光；圣诞礼物的包装纸上绘有人物故事；在圣诞节前一星期，迎接圣诞老人的壁炉上展示着圣诞卡；带着铁桶的救世军在广场及街道上募款；大卖场员工乔扮成圣诞老人，倾听着孩子的愿望。这些现象都同时出现了。而不过几年前，这些习俗在那些去美国游玩的法国人看来，还显得幼稚古怪，显现了两种不相容的精神样貌；至于现在，则因被广泛引进且根植于法国，大家早已见怪不怪。对于研究文明的历史学者而言，这是值得深思的一课。

在这个领域，就像在其他领域一样，我们正经历一项大规模的传播经验。这些现象与以往我们根据点火栓、独木舟为例而习于研究的现象，也许并不会非常不同；但要对这些以我们自己的社会为舞台、发生在我们眼下的事进行理性思考，却是最简单也最困难的。最简单，是因为经验的传承是每时每刻且巨细靡遗的；但也是最困难的，因为只有在极为罕见的机会下，我们才能察觉社会转变的极端复杂性，就算是最受限制的转变。同时，也因为我们置身其中，我们很容易给出显而易见的理由，但却与真实原因极为不同。因此，我们有厘清事实的责任。

所以，如果仅以受美国影响来解释法国圣诞庆祝活动的演变，实在太过简单。移植是事实，但这只占其中一小部分原因。我们能很快地列举出其他显而易见的因素：法国有愈来愈多的美国人，他们用自己的方式庆祝圣诞节；电影、“文摘”（digests）、美国小说，以及一些主要报纸的报道，都让人更了解美国的风俗；而这些风俗则受到美国来自经济及军事权势声望的推波助澜，甚至连马歇尔计划都可能直接或间接地帮助圣诞商品的输入。但以上都还不足以解释这个现象，因为从美国传来的某些习俗，甚至融入了对其起源完全没有意识的大众阶层，例如工人阶级。受到共产主义的影响，他们非常不信任所有美国制造的东西，但他们却与其他人一样，很自然地接纳了这些习俗。因此在单纯的传播理论之外，应该同时讨论一个最早由克娄伯[1]提出的非常重要的传播理论，他称之为刺激性传播（stimulus diffusion）：传入的习俗并未被同化，它的角色比较类似催化剂；也就是说，仅仅它的出现，便足以激发原本潜在于社会的类似习俗。我们以一个直接相关的例子来说明：制纸工业的人，受美国同行之邀或参与经贸考察团前往参访，在那里观察到美国人会制作专用的包装纸来包装圣诞礼物，他借用了这个想法，在国内实行，这就是一个传播现象。巴黎的某位家庭主妇，在住宅附近的文具店里购买礼物包装纸，她很中意橱窗陈列的那些款式。她并不了解美国习俗，但这些包装纸能够满足美感上的需求，且传

1 阿尔弗雷德·克娄伯（Alfred Louis Kroeber，1876—1960），美国人类学家，强调人文主义和自然史法则，以其文化人类学研究知名，在语言学、考古学和民族志学方面亦有建树。重要著作有《文化成长的形貌》（*Configurations of Culture Growth*, 1945）、《文化的性质》（*The Nature of Culture*, 1952）等。

递她的情感。选择了这些纸的同时，她没有（如制造商一样）直接借用他国的风俗习惯，但是这项很快就受到认可的风俗，在她这里激发出一种相同的习俗。

其次，不要忘记，在“二战”以前，法国以及整个欧洲的圣诞节庆祝活动早已愈来愈热闹。这个现象首先与生活水平的提高有关，但除此之外还有一些微妙的原因。如我们所知，即便圣诞节仍存有些许古风，但其本质是个现代节日。例如使用槲寄生来装饰，这并不是（至少不直接是）德鲁伊[1]的遗俗，因为它似乎在中世纪再度流行过。再者，在17世纪某些德文纸本留下记录以前，圣诞树完全未被提及，18世纪时出现在英格兰，19世纪才出现在法国。埃米尔·利特雷[2]似乎不太熟悉它，或者他所知的圣诞树和我们认知的不太一样，他将它定义为“在某些国家，用物品以及给孩子们的糖果和玩具来装饰的杉木或冬青树，让他们以此庆祝节日”（见词条：Noël）。至于分发玩具给小朋友的人，则有不同的称谓：圣诞老人（Père Noël）、圣尼古拉（Saint Nicolas）、圣克劳斯

1　在凯尔特（celte）神话中，德鲁伊（druid）是高卢地区凯尔特人的重要阶级。他们不仅掌管祭祀，同时也是医者、教师、法官、魔法师、诗人，以及部落的历史记录者。他们向人们宣扬灵魂不灭以及轮回转世的教义。传统仪式包括切割槲寄生，以及夏至、冬至、春分、秋分时的庆典。

2　埃米尔·利特雷（Émile Littré，1801—1881），法国的辞书编纂家和哲学家，以《法语辞典》（*Dictionnaire de la langue français*）著名。这部字典通常被称为 *Le Littré*。

(Santa Claus)，这也显示了“圣诞老人”是一个融合各种人物形象的产物，而不是各地保存下来的古老原型。

但是，这样的发展并非凭空而来：它仅仅是将一个古老节庆的片段重新组合，而这个节庆的重要性从未被遗忘。如果对利特雷而言，圣诞树几乎是一个充满异国风情的习俗，那么谢吕埃尔[1]在他的《法国制度、礼仪和习俗的历史字典》(作者坦承，这部字典是改写自圣帕雷关于国家古文物的字典[2])中，却以一个耐人寻味的方式记载：“圣诞节……是直到近期 (我特别强调) 持续了好几个世纪的家庭欢聚的时机。”然后描写一段 18 世纪时欢庆圣诞节的场景，那时人们对节日的热衷似乎一点也不亚于我们。因此我们探讨的这个节日活动，在历史上的重要性起伏不定，有过高峰也曾经隐没。美国形式只是较其他形式更为现代而已。

顺道一提，以上的讨论足以显示，若理所当然地以“遗俗”与“残存”来说明此类问题，我们需要对这种过于简单的解释抱持怀疑的态度。如果在史前时期，从来不曾存在树

---

1 阿道夫·谢吕埃尔 (Adolphe Chéruel，1809—1891)，法国历史学家，早年致力于地方史的研究，1855 年出版的作品《法国制度、礼仪和习俗的历史字典》(*Dictionnaire historique des institutions, mœurs et coutumes de la France*) 再版多次。

2 圣帕雷 (Sainte-Palaye，1697—1781)，法国历史学家、语言学家及辞典编纂者。他最可观的作品《法国古文物辞典》(*Dictionnaire des antiquités françaises*)，共计四十册，因过于庞大未能出版，只存于法国国家图书馆中。

木崇拜（树木崇拜仍于不同的民间习俗中持续），现代欧洲可能不会“发明”圣诞树。如上所述，圣诞树的确是近期的发明，只是这个发明并非无中生有。有些中世纪的习俗已被证实有圣诞树的雏形：例如在圣诞节点燃的树干（在巴黎发展成一种糕点）足以燃烧整夜，圣诞所用的蜡烛尺寸也能持续点燃一整晚；人们会以常春藤、冬青、杉木等各种青翠的枝叶来装饰建筑物（源自罗马农神节，我们稍后将回到这一点）；最后，和圣诞节并没有任何关系，《圆桌骑士》（*Table Ronde*）的故事里也提到一棵挂满彩灯的神奇树木。在这样的背景下，圣诞树像是一个混合诸说的解决方案，也就是说，将所有的要求集中在一个事物上，直到产生一种解离状态（l’état disjoint）：神奇的树木、焰火、不灭的灯，以及不会凋萎的长青植物。反之，就现今的状态而言，圣诞老人是个现代创造物，对他的信仰更是近期的事：人们相信他住在丹麦属地格陵兰岛，搭乘驯鹿拉的雪橇到处旅行（丹麦因此必须创立一个专门邮局，因应来自世界各地儿童的邮件）。有人说，这样的传说会在“二战”时迅速传播，是由于当时美军驻防在冰岛和格陵兰岛的缘故。而传说中出现的驯鹿并非偶然，因为文艺复兴时期的英文文献提及了人们会颁发驯鹿奖杯给那些圣诞庆祝的舞者。这些文献的时间都早于对圣诞老人的信仰，也早于他的传奇形成之前。

这些古老的元素因此与其他被引入的元素融合在一起，酝酿发酵，延续、转化或使旧风俗再生，产生前所未见的形式，可以称之为圣诞节复兴（没有双关语意）。然而，当中没有什么特别新颖之处。那为何圣诞老人会引起如此的情绪，并承载着许多人的敌意？

*

圣诞老人穿着鲜红色的服装，隐喻他是名王者。他的白色胡子、身上的毛皮和靴子、旅行时乘坐的雪橇，都让人想起冬天。他是位老人，在他身上体现了长者的仁慈和权威。所有形象都很明确。但是就宗教类型学的观点而言，他应该被归于哪一类呢？

他不是一个神话人物，因为没有一个神话与他的起源和功能有关；他也不是一位传说人物，因为没有任何野史轶事与他相关。事实上，这位神奇而永恒的人物，永远保持同样形象，负有专属任务且周期性地复返，就像家族的神灵。此外，在一年中的某些时节，他还受到孩子们以文字或祈祷形式的崇拜。他奖赏好小孩，对于不乖的孩子则不予奖励，是某个特定年龄层心目中的神灵（对于圣诞老人的崇信，足以构成这个年龄层的特征）。圣诞老人和真正的神灵唯一不同之处在于，尽管成人鼓励，并用哄骗的手法使孩子相信圣诞老人的存在，但他们自己并不相信。

因此，圣诞老人首先传达的是身份上的区别，一边是小孩子，另一边是青少年与成人。就此而言，它涉及了过渡礼仪（rite de passage）与启蒙仪式（rite d'initiation）这两种范围较广的信仰与习俗，而人类学家在大多数社会中已经从事过相关研究。事实上，在人类群体之内，很少有儿童（有时妇女也是）未被以此种或彼种形式排除于大人的社群之外；他们不了解一些被小心翼翼维护的秘密或信仰，盼望成人们等到适当的时机就会揭露，并借此让他们（年轻的世代）加入成人世代。这些宗教仪式与我们此时研究的主题往往惊人地相似。例如圣诞老人和美国西南部印第安人的卡奇纳[1]之间的相似性，如何不令人感到惊讶呢？这些穿戴着特殊服饰和面具的人物，扮演神灵和祖先；他们定期返回自己的村落，在那里跳舞，惩罚或奖励孩子们；在传统的乔装改扮下，这些孩子认不出自己的父母或亲友。而圣诞老人与其他在现代较不

1　在美国西南新墨西哥州和亚利桑那州印第安人的神话中，卡奇纳（Katchina）是世上许多有形、无形之物的神灵，有的仁慈有的带着恶意。每一年中有六个月，在举行宗教仪式时，舞者穿戴着面具、华服扮演他们。

受重视的人物，如啃指妖[1]、鞭子老爹等，肯定属于同一家族。特别值得注意的是，在同样的教养趋向之下，今日扬弃了这些带着惩罚性质的“卡奇纳”，却让圣诞老人的仁慈性格受到颂扬，而不是如实证和理性思考所推断的那样让他受到同样的批评。就此而言，这当中并不存在教养方式的合理化，因为圣诞老人不比鞭子老爹更“理性”（教会在这一点上是正确的）。确切地说，我们看到的是神话被移植了，这一点需要加以说明。

当然，在人类社会中，启蒙仪式和神话具有一个实际作用：它们让年长的人借此使年幼的孩子听话并且顺服。整整一年，我们以圣诞老人为由，提醒我们的孩子，圣诞老人的慷慨与否取决于他们的乖巧程度；而定期分发礼物的特点，则能够将孩子们的要求集中在短时间之内，也就是当他们真的有权利要求礼物时。但这个简单的语句已足以粉碎功利主义的解释。因为，为何孩子有权利？这些权利又为何可以如此专断地强迫成人接受，并使得他们发展出一套复杂且代价不小的神话及仪式，以钳制和约束这些权利？

我们马上可以了解，对圣诞老人的信念不只是成人对小

---

1 啃指妖（Croquemitaine）是在许多国家传说中的邪灵，常现身有危险性的时间或地点，例如夜晚、水边等。在某些地区，这个妖怪会啃食小孩的鼻子和指头。人们用它来吓唬小孩，希望他们变乖。

孩的哄骗，在很大程度上，这是两代之间一个非常有价值的交易（transaction）。所以，在整个仪式中，我们用绿色植物如松树、冬青、常春藤、槲寄生等装饰我们的房子。这些物品在今日不需通过某种利益交换便能得到，但在过去，至少在某些地区，是两个阶层人民之间的某种交换：在英格兰，直到18世纪后期，妇女仍会在圣诞节前夕去劝善（a gooding），也就是挨家挨户地募捐，然后将绿色的枝丫作为回报送给捐助者。我们可以在孩子们身上看到同样的交易状态。值得注意的是，为了向圣尼古拉恳求礼物，孩子有时会乔装成妇女。换言之，妇女、儿童，两者都是尚未启蒙者（non-initiés）。

然而，这个启蒙仪式中非常重要的一个面向，没有受到足够的重视，比起上一段文章中提到的功利主义考虑，它其实更深入地阐明了这些仪式的本质。就以我们曾提及的，普韦布洛印第安人（Indiens Pueblo）特有的卡奇纳仪式为例。难道仅只是为了让孩子害怕或尊敬卡奇纳，使孩子乖乖听话，就隐瞒卡奇纳由人类扮演的事吗？是的，可能是，但这仅仅是仪式的次要功能；因为还有另一种解释存在，而起源神话（mythe d'origine）十分清晰地呈现了这种解释。在这个神话里，卡奇纳是早期原住民小孩的亡魂，这些孩子在祖先迁徙时不幸溺毙在河流里。因此卡奇纳既证明了死亡，亦是死后生命存在的见证。但是，当印第安人的祖先终于定居在现今的村庄后，神话指出，卡奇纳每年都会返回此处，并在离开时带走孩童。原住民们因为担心失去后代，于是向卡奇纳承诺，每年都以面具和舞蹈的方式来扮演他们，希望卡奇纳留在冥界。如果儿童被排除在卡奇纳的秘密之外，首先肯定不是为了使他们惶恐害怕。我会很乐意地说是因为相反的理由：这是因为他们就是卡奇纳。他们之所以被排除在哄骗之外，是因为他们代表了现实，而这场骗局便是与现实的妥协。儿童们的位置在他方：不是与面具和生者一起，而是与神灵和死者同行，和死者变成的众神灵一起。而这些死者就是儿童。

我们认为这种解释可以扩展到所有的启蒙仪式，甚至适用所有二分法的社会。“未启蒙者”（non-initiation）并不单纯仅代表被剥夺的状态，只意味无知、错觉或其他的负面含义；启蒙者和未启蒙者，有着正向的关系，这是两个群体之间的互补，一者代表死者，另一者代表生者。甚至在仪式进行中，二者也经常互换角色，不断反复；因为相对而产生观点的互换，就像镜子与镜子相对而立，无止境地重复。如果未启蒙者是死者，他们也同时是至上启蒙者（super-initié）；而且，当启蒙者人格化了死者的鬼魂，以吓唬新进者，那么之后的仪式中，这些新进者的任务就是驱逐这些鬼魂，并防止他们回返。不必进一步去思考这些可能使我们离题的议题，只要记住，有关圣诞老人的仪式和信仰是属于启蒙社会学的范围

（这是毫无疑问的），它们突显出在儿童和成人的对立背后，存在的是更深层次的、死者和生者之间的对立。

*

在以纯粹共时性（synchronique）对某些仪式和作为其基础的神话内容进行分析之后，我们来到结论的阶段。而一个历时性（diachronique）的分析，也会使我们获得同样的结果。因为普遍来说，宗教史家和民俗学家都认同，圣诞老人的起源可远溯至欢乐教主[1]、疯癫教主[2]、失控教主（准确翻译了英文的 Lord of Misrule）[3]等这些在特定时间内成为圣诞节之王的人物，并且都是罗马时期农神节之王（roi des Saturnales）[4]的继承者。农神节是鬼魂的庆典，也就是那些因

1 欢乐教主（Abbé de Liesse）是 15 世纪时，法国北部阿拉斯城（Arras）为市民举办的游行表演中的领队者，负责带领娱乐节目的演出。档案中关于这名角色的记载，出现于 1541 年。

2 疯癫教主（Abbas Stultorum）是中世纪时，法国疯狂节庆（fête des fous）中出现的人物。在这个 12 月中旬至 1 月初间举办的节庆中，女人扮成男人，小孩扮成主教，学生扮成老师……并且由众人选出傻瓜教主和疯癫教主。大家伴随着音乐唱歌跳舞，装疯卖傻，暂时忘却严峻的日常生活。

3 失控教主（Abbé de la Malgouverné）是中世纪英格兰的节日习俗。在圣诞节期间，被任命为失控教主的人（通常是农民或辅祭者）负责主导狂欢节庆，包括了饮酒作乐和野地派对，这些都是罗马农神节的遗俗。

4 农神节（Saturnales）是古罗马在年终时祭祀农神（Saturne）的大型节庆。

暴力死亡或未被妥善掩埋的死者的节日。因此，在贪噬孩子的老农神身后，我们能看见数个对称影像的轮廓：圣诞老人，孩子们心中的善心人；斯堪的纳维亚的尤雷波克（Julebok），从阴间携带礼物给孩子的长角恶魔；圣尼古拉，使孩子们复活并用礼物满足他们；以及最后，卡奇纳，早夭的孩子，不再扮演孩童杀手的角色，而成为惩罚和奖赏的分配者。我想补充一点，如同卡奇纳，农神的古老原型是掌管萌发的神。而如圣克劳斯或圣诞老人这样的现代人物，事实上融合了数位宗教人物：欢乐教主、受到圣尼古拉庇护而扮演主教的孩童，以及圣尼古拉本身；而圣尼古拉的庆典则可以直接溯及与长袜、鞋子和壁炉有关的信仰。欢乐教主的节日是 12 月 25 日，圣尼古拉日则是在 12 月 6 日，扮演主教的孩童是在圣婴（Saints Innocents）之日选出的，也就是 12 月 28 日。斯堪的纳维亚的尤雷波克节庆则是在 12 月举行。我们可以直接参照贺拉斯提到的自由的12月[1]，自18世纪开始，杜·蒂洛特[2]便以此将圣诞节与农神节联系起来。

但是，用死后继续存在的亡灵来解释仍然是不完整的，因

1 罗马时代，人们在 12 月 17 日至 24 日间庆祝农神节。为纪念在农神统治下主仆平等互惠的关系，在节庆时，仆役们暂时拥有自由，成为主人，而主人则替仆役服役。贺拉斯因此称之为“自由的 12 月”（libertas decembris）。

2 纪尧姆·杜·蒂洛特（Guillaume du Tillot，1711—1774），法国政治家。

为习俗不会无故消失或持续存在。习俗持续时，原因不在于它在历史上的固着性（viscosité），而在于某一功能的持久性。这也是我们的分析所必须揭示的。如果我们在讨论中给了普韦布洛印第安人一个主导地位，那是由于他们的体制和我们的体制间缺乏任何可以想象的历史关系（如果将某些 17 世纪时来自西班牙的影响除外）。这就表示，关于这些圣诞习俗，我们所面对的并非只是历史残迹，同时也要面对社会生活当中的思想和行为。农神节和中世纪的圣诞庆祝活动，并非这个相对来说难以解释且缺乏意义的仪式的最终论据，但是它们提供了一个有用的比较材料，使我们可以厘清循环重现的仪式背后的深层意义。

圣诞节中的非基督教面向，与农神节十分相似，这点并不令人惊讶，因为有很充分的理由认为，教会将耶稣诞生日定于 12 月 25 日（而不是 3 月或 1 月），是用以取代异教节庆。这些节庆主要在 12 月 17 日举行，到了法兰西第一帝国末期，已经延长为七天，也就是一直持续到 24 日。事实上，从古代一直到中世纪，“12 月节庆”都有相同的特征：首先是用绿色植物来装饰建筑；然后是交换礼物，或是给孩子们礼物；还有欢乐的气氛与盛宴；以及最后，富人与穷人、主人和仆人之间的友好往来。

当我们更进一步分析这些事实，会发现两者于某些结构上有令人惊异的相似性。与罗马的农神节一样，中世纪的圣诞节庆也存在着两个相反却交融的特点，就是聚合与共融：阶级和身份之间的区别暂时被消除了，奴隶或仆人坐上主人桌，主人成为他们的家仆；华丽的餐桌上，盛宴开放给所有的人；男男女女互相交换服装。但与此同时，社会划分为两个群体：年轻人自成独立的团体，选择自己的统治者，即青年教主，或者如苏格兰的疯狂教主（abbot of unreason）。而正如这个称号所阐明的，这些年轻人放任自己的不理性，导致对其他人的伤害，在文艺复兴时期，甚至还采取了最极端的形式——亵渎、抢劫、强奸甚至谋杀。圣诞节期间，就像在农神节时，社会根据一套双重节奏运行：加强团结以及激化对立，这两个特点被视为相互关联的相对面。而欢乐教主这位人物就是这两个面向之间的媒介。他甚至受到教会当权者的认可和确立，他的使命便是在一定限度内逾越。欢乐教主，他的功能和他的远房后裔——圣诞老人——的人格和功用之间，有什么关联？

在这里，我们必须仔细分辨历史观点和结构观点的不同。从历史上看，我们已经说过，西欧的圣诞老人以及他对于烟囱和鞋子的偏爱，是来自圣尼古拉节庆，并和三个星期后的圣诞节庆祝活动同化了。这告诉我们，年轻的教主变成了一个老人。但历史和历法上的巧合联结只能说明一部分原因，这样的角色转换应该是更有系统的。一位真实人物变成了神话人物；一位象征与成年人对抗的年轻圣人，变成了熟龄的象征，并传达对年轻人的宽厚；品性恶劣的信徒，现在负责赞扬良好的行为。青少年公然挑衅家长已不复见，取而代之的是家长隐身在假胡子之后，满足孩子的愿望。假想的中介者取代了真实的中间人，并在它改变性质的同时，朝另一个方向运作。

我们不再讨论那些不是必要而且会引起思考混淆的面向。很大的程度上，“青年”这个年龄阶层已经从当代社会消失了（虽然近年来我们目睹了一些重建尝试，但这些尝试的结果如何还言之过早）。一种昔日由三组要角——儿童、青年、成人——参与的仪式，今日变为只涉及成人和孩童两个群体（至少关于圣诞节的部分是如此）。圣诞节的“疯狂”因此在很大程度上失去了它的立足点。而它在转变的同时，也慢慢淡薄了：在成人间，圣诞节的疯狂仅仅残存在平安夜的小酒馆里，以及除夕夜的时代广场上。但现在，我们宁可研究一下孩子的角色。

在中世纪，孩子并不会耐心等待他们的玩具自壁炉从天而降。他们会乔装打扮，并成群结队（老法国人因此称他们为“乔装者”[guisarts]），挨家挨户唱歌并献上他们的祝福，以换取水果和蛋糕。值得注意的是，他们会呼唤亡者。例如在

18世纪的苏格兰，他们唱着这首诗歌：

> 起来吧，好妻子，不要懒惰。
> 当你在这里时，享用你的面包；
> 时候就要到了，你就要死了，
> 到时就不想吃饭也不想要面包。[1]

即使我们没有这个可贵的线索，以及（同样重要的）参与者乔装成神灵或鬼怪的佐证，对于儿童募款行为的研究也能成为线索。我们知道，这些募款行动并不限于圣诞节[2]，而是在整个秋天持续进行。那时正是夜暮威胁到白日，逝者纠缠生者之际。这些活动通常始于耶稣诞生日之前几个星期，大多是三个星期前，因此与同样也是乔装打扮来劝募的圣尼古拉节庆——他使死去的儿童复活——建立起联结。它们的特征在秋季一开始的万圣夜劝募（教会后来决定将这个活动移至万圣节前夕）中更是显著。即便在现今的盎格鲁-撒克逊，仍可看到孩子们装扮成幽灵以及骷髅，缠着成年人，除非他们

---

1 布兰德（J. Brand）在《关于民间古物的观察》（*Observations on Popular Antiquities*, n. éd., London, 1900, p. 243）一书中之引文。——原注

2 关于此点，请见瓦拉尼亚克（A. Varagnac）《传统文化与生活方式》一书（*Civilisation traditionnelle et genre de vie*, Paris, 1948, p. 92, 122及其他）。——原注

给一些小礼物才得以脱身。随着秋意渐深，从初秋一直到冬至（意味着挽救光明和生命的日子），就宗教仪式上来说，伴随着一个辩证进程，主要的步骤则是：死者复返，带着威胁和迫害的行为，与生者达成共识，用服务和礼物交换，最后生命得到胜利。所以在圣诞节，死者满载礼物离开生者，让他们平静生活，直到来年秋天。值得深思的是，信仰天主教的拉丁国家，直到上个世纪，都还强调圣尼古拉节庆，也就是一种形式较为节制（mesurée）的关系；而盎格鲁－撒克逊人则自然地将它分为两种极端、对立的形式：在万圣夜，孩子们扮演死者，敲诈大人；而在圣诞节，成年人满足儿童，来激发他们的活力。

*

据此，看似矛盾的圣诞节仪式特性得以厘清：在三个月的期间，死者介入生者生活的情形愈来愈显著且迫人。在它们离开前夕，人们庆祝，并给它们最后一个自由表达的机会，或者像英文所忠实传达的那样：让它们闹翻天（to raise hell）。但是在一个充满生者的社会里，只有那些就某种程度来说无法完全融入群体的人，也就是具有异质性（altérité）特质的人，才能化身为死者。而这个异质性，就是至上二元论——死

者 / 生者——的记号。因此，我们并不会讶异于异乡人、奴隶和孩子们成为这个节日的主要受益者。这节日为政治或社会地位低下者与年龄不平者提供相同的判定标准。事实上，有无数的事实证明，平安夜聚餐的真正独特之处便在于给死者提供一餐（尤其在斯堪的那维亚和斯拉夫世界），客人在此时扮演死者的角色，就如同儿童扮演天使的角色，而天使本身，也是死者。因此，圣诞节（Noël）和新年（Nouvel An）（其为同源对偶词）成为交换礼物的节日也就不奇怪了：死者的节庆基本上就是他者的庆典；因为，成为他者，是死亡这件事最先给我们的大略意象。

在此，我们试着对这份研究最初的两个疑问提出解答。为什么“圣诞老人”这个人物会不断传播发展？为什么教会对于这种发展感到担忧？

我们已经看到，圣诞老人是疯狂教主的继承者，同时也是他的对照。这种转换首先是我们与死亡关系改善的迹象；我们不再认为，让死亡周期性地破坏秩序和规律，对于逃离它有所帮助。现在我们和死亡的关系是由一种带点倨傲的善意所主宰：我们可以慷慨大方、主动出击，因为只不过是给它礼物，甚至玩具，也就是一些象征符号而已。但是这种死者与生者间关系的弱化，并没有牺牲了体现这种关系的人物，相反，他发展得更好。如果我们不承认，这种面对死亡的态度以它特有的方式继续存在我们这一代中，这个矛盾便无法解决。此态度也许不是传统对于鬼魂和幽灵的恐惧，而是对于死亡本身以及它在生活中代表的贫乏、冷酷和剥夺感的恐惧。想想我们从圣诞老人那里得到的温柔关爱，想想我们为了维持他在孩子们心中那不可动摇的魅力而必须谨慎小心。因为在我们内心深处，也总是渴望相信一种没有节制的慷慨、一种毫无心机的盛情（即便只有一点可能），相信在这段短短的时间内，一切恐惧、嫉妒和痛苦都会暂时停止。也许不是所有人都完全同意这样的幻想，但当其他人怀抱着这样的希望时，至少让我们有机会在这些年轻灵魂点燃的火焰中得到温暖，这也说明了我们努力的理由。我们相信，若孩子们的玩具来自另一个世界，我们便可以留住我们的小孩。这其实是个秘密活动的托辞，鼓励我们将玩具赠予彼界，好让它们转赠给小孩。通过这种手段，圣诞礼物成为寻求美好生存的真实牺牲品，前提是不要死亡。

萨洛蒙·雷纳克[1]曾在文章中深入分析，古老宗教和现代宗教之间的最大区别，在于“异教徒向死者祈祷，而基督教徒

1 萨洛蒙·雷纳克（Salomon Reinach，1858—1932），法国考古学家和宗教史学家。

为死者祈祷”[1]。毫无疑问，为死者祈祷，与我们每年——而且愈来愈常——对孩子们夹杂着恳求的祈求大不相同：在传统上，孩子是死者的化身，我们希望恳求他们，通过借由相信圣诞老人，帮助我们相信生命。

无论如何，我们把线团理出了头绪，揭开了同一个现实两种不同诠释之间的连续性。教会谴责圣诞老人的信仰其实是现代社会中异教徒最坚强的堡垒以及最活跃的中心之一，这肯定是没错的。剩下的问题只是现代人能否捍卫自己作为异教徒的权利。总而言之，让我们提出最后一点作结：从农神节到圣诞老人的演变之路十分漫长。在这途中，农神节的一个基本特征（也许是最古老的特征）似乎永远失去了。因为弗雷泽[2]已经指出，农神节之王本身就是一个古老原型的继承者。这个原型是，在化身为农神，且在一个月的时间内允许从事所有不当的行为之后，隆重地将自己献祭给神灵。而因为第戎焚烧圣诞老人的火刑，使得神话里的主角得以恢复他所有的特征；并且，这个想要灭绝圣诞老人的特殊事件一点也不矛

1　萨洛蒙·雷纳克，《为死者祈祷的起源》（L'Origine des prières pour les morts），见《崇拜、神话与宗教》（*Cultes, mythes, religions,* Paris, 1905, t. I, p. 319）。——原注

2　詹姆斯·弗雷泽（James George Frazer，1854—1941），英国人类学家、宗教史学家。知名著作为《金枝：巫术与宗教之研究》（*The Golden Bough: A Study in Magic and Religion*，1890）。

盾，第戎教士只是在几千年之后，完全复原了一个仪式上的形象；在要摧毁它的前提之下，第戎教士反而证明了这个形象的永恒。

“完全相反”

Tout à l’envers

本文发表于 1989 年 8 月 7 日

出自 “Se il mondo è alla rovescia”, *La Repubblica*, 7 août 1989

大约两千五百年前，希罗多德[1]在游访埃及时，十分讶异埃及的习惯完全不同于其他国家。他写道，埃及人做任何事，都与其他民族恰恰相反。不仅女性从事商业活动，男人留在家里编织，而且他们编织时是从底部开始，不像其他国家的人从顶部展开。此外，女性站着小解，男人则是蹲着。我不再继续举例。

在较为接近我们的19世纪末，曾长时间在东京大学任教的英国学者张伯伦[2]，在他字典形式的著作《日本事物志》（*Things Japanese*）中，有一篇题名为《颠倒世界》（*Topsy-Turvydom*）的文章。文章内解释，因为“日本人的许多做事方法，正好与欧洲人认为自然且合宜的方式相反；面对日本人，我们的方法似乎也没有说服力”。接着是一连串的举例，呼应

1 希罗多德（Hérodote，公元前484—公元前425），古希腊作家及历史学家。其著作《历史》（*Historia*）一书，是西方文学史上首部完整流传至今的散文作品。

2 巴兹尔·张伯伦（Basil Hall Chamberlain，1850—1935），19世纪后期英国最重要的日本学专家。

了希罗多德在24个世纪前提出的例子。虽然两者指涉的是不同国家，但在他的同道眼中同样充满异国奇趣。

但张伯伦所举的例子，可能不具有同样的说服力。日本人的书写不是世界上唯一从右写到左的。日本也不是唯一在书写信件地址时，先写城镇名，再写路名和门牌号码，最后写上收件者名字的国家。明治时代的裁缝师，在将装饰物缝制于欧洲风格洋装上所遭遇的困难，并不一定代表此民族的性格特质。并且，令人惊讶的是，这些裁缝师却可以在穿针时，将针眼套往维持不动的线，而不是拿线穿进针眼里。在缝制时，他们是将织物扎在针上，而不是像我们一样拿针去刺缝布料。在古代日本，人们从右边上马，而且让马倒退着进马厩。

外国游客总是很讶异地发现日本木匠在锯物时，将工具往自身方向拉，而不像我们是将它推出去。他们也用同样的方式使用刨刀，或称双柄刮刀。在日本，陶艺师是用左脚以顺时针方向推动辘轳，与欧洲或中国用右脚、由逆时针方向去推动的陶艺师相反。

在这些习惯上，不只和欧洲完全相反，日本列岛和亚洲大陆之间也截然不同。

很早以前，日本从中国引入了万用锯，以推动的方式切割物品。但从14世纪开始，这种模式被另一个当地的发明取代：

以拉动方式来切割的锯子。同样，16 世纪从中国引进的推式刨刀，在一百多年后，由拉引式刨刀取代。如何解释这些新发明的共同特性呢？

我们可以尝试依照情况一一解决问题。日本缺乏铁矿石，而与其他种类的锯子相比，拉动式锯子所需的金属厚度较薄，因此这是经济上的因素。但同样的理由适用于刨刀吗？又要如何据此来说明，日本在穿针引线和缝制上的不同习惯？每次要得到独特的解释，都必须放任想象力奔驰。

在此有一个概括性的解释。如果日本男女在工作时姿势是向着自己，也就是朝向内部而不是外部，那是因为他们偏爱蹲跪的姿势，这样可以将对家具的需要降到最低限度不是吗？在没有工作台的情况下，工匠只能以自己的身体作为支撑。这个解释似乎很简单，不仅适用于日本，而且也可以解释我们在世界其他地区所观察到的类似情形。

19 世纪中叶，波士顿的大批发商斯旺（J. G. Swan），在某日决定离开他的家人，就如同后来的高更（Gauguin），远离家乡能够寻找最原始的单纯。他曾经记述，美国西北岸已经归化的印第安人，在使用刀子时是向着自己的方向切割，“就像我们削鹅毛笔一样”，而且可以的话，一定蹲在地上工作。我们不能否认，工作姿势和工具的使用息息相关。接下来只需了解，是否一者解释了另一者——在这种情况下，是何者解释何者？——或者这是同一现象的两面，有着相同的起源。

有位足迹遍及各地的日本女性旅行家朋友告诉我，在每个城市，她都可以通过检查丈夫的衣领，来判断城市环境污染的程度。在我看来，西方人的推理方式与她完全相反，我们的女性倾向认为是丈夫的脖子不干净，她们由内部因素去推想外部效应，由内向外去推论。而我的日本朋友的推论则是由外向内进行，在思考方式上，这与日本人工作习惯的方向是一样的，就像裁缝师的穿针引线，木匠锯木或刨木的方式。

这样的例子，对我之前提出的那些琐碎现象的共同原因，提供了最好的说明。西方思想是离心式的，日本则是向心式的。例如厨师的用语，他们不像我们说“浸入”（plonger）油锅里，而是说从油锅“拿起”“提起”“取出”（ageru）。更普遍的，在日语的语法中，造句是依循着从一般限定符到特殊限定符的顺序，将主词放在最后。外出的时候，日本人习惯说：“我去去就回”（itte mairimasu），在这个说法里，itte——动词离去（ikimasu）的现在分词——将离开这件事化为将会返回的情状语。事实上，在从前的日本文学中，旅途似乎是一个痛苦的经历，从“内在”离去——uchi——的痛苦，而人们一直渴望回到这个内在。

西方哲学家常将远东思想与西方思想对比，因为它们在面对主体概念时，态度完全不同。印度教、道教、佛教，各以不同的方式否认西方思想中最基本、不证自明的“我”，致力证明“我”的虚幻性。对于这些理论而言，每一个存在都只是短暂的生物现象和心理现象，当中没有“我”。“我”只是一个表象，不可避免地注定要消散。

而一直以来，日本思想都具有很高的原创性，不仅迥异于我们的思想，与其他远东哲学相较也截然有别。与远东哲学不同的是，日本思想不将主体抵消；而与西方思想不同的是，日本思想也不将主体作为所有哲学思考及以思想建立世界的必然起点。甚至有人说，像日语这种不喜欢使用人称代名词的语言，笛卡尔的“我思故我在”严格来说是不能翻译的……

不同于我们将主体作为因，日本思想倾向将它视为结果。关于主体的哲学，西方是外向的，而日本则是内向的，它将主体放在路径尽头。这种心理态度的差异，也是刚才我们所见的、显露在工具使用方式上的差异：就像工匠们总是朝向自己施作，日本社会将自我意识当作一个终结，这是社会和职业团体由大至小互相套叠的结果。相应于西方的个体自主性，在日本，个体根据他所从属的一个或数个团体来自我定义，并且这是一种恒常需要。指称这些团体的字 uchi，不仅意味着“我家”，同时也意味着“我家”其中“我”的意识，和其他人（或家庭、公司、群体）形成对比。

日本思想中这种朝向另一方向的特质，无法提供人们所寻求、憧憬的核心。因为依照如此思想所建立的社会道德系统，不像中国，有绝对的法则可以保证祖先崇拜以及孝道的实践。在日本，老人很容易失去权威，只要他们不再是一家之主，也就不再被重视。从这方面来说，关系战胜了绝对：家庭和社会不断地重新组合。对空论（tatemae）的不信任，以及实践（honne）的至上性，都可以归因于这个大趋势。

但是，如果日本人的生活受到关系和无常所主宰，难道不是意味着，在个体意识周遭，存在某种绝对性，能给予他们自身内部所缺乏的基础框架？也许，日本现代史中，皇权神圣起源的学说、种族纯粹性的信仰、日本文化相对于他国文化的特殊性，都来自于此。任何系统如果要可行，都需要一定的强度，而这份强度可能来自此构成系统要素的内部或外部。前述来自外部的强度，令西方人深深感到困惑，因为它推翻了西方人看待个体与其周围环境关系的方式。然而日本不也因此克服了19和20世纪所遭遇的考验，并找到了在个体意识内留存下来的灵活性，成为他们今日成功的方式？

仅存在一种发展模式吗？

N'existe-t-il qu'un type de développement ?

本文发表于 1989 年。分为两部分出版：
出自 “Mercanti in fiera” , *La Repubblica*, 13 novembre 1990
以及 “Contadino chissà perchè” , *La Repubblica*, 14 novembre 1990

长久以来，人们一直想知道，一个小型且分散式的家庭农业，就如同现今玛雅（Maya）的农业规模，如何能在前哥伦布时期，供给食物给那些被集合在一起，搭建墨西哥与中美洲宏伟建筑的成百上千位工人？这个问题如今变得更令人困惑，因为考古的发掘显示了玛雅人的城市并非仅是皇家住所或宗教中心。玛雅人有真正的城市，范围远达数平方公里，居住有几万居民：领主、贵族、官员、仆人、工匠……他们的衣食来自何处呢？

二十多年来，航拍给了我们一些答案。在玛雅和南美洲的许多地区，那些人们曾经认为相当落后的所在地，航拍的照片却令人讶异地揭露了农业的遗迹，并且是相当复杂的农业。其中之一位于哥伦比亚的汛区内，占地二十万英亩。自基督教时代之始到第7世纪间，那里开挖了数以千计的排水沟渠，人们在这些渠道间徒手建造坡地，在其上耕作。这些坡地长达数百米，除了农用以外，还可以预防洪水泛滥。这个以种植块茎作物为主的密集式农业，结合在沟渠的垂钓所获，其每平方公里收成的农渔获可以养活上千名住民。

同样，在秘鲁和玻利维亚的边界、的的喀喀湖岸边，也发现了类似的建设，占地绵延八万公顷，并且在公元前1000年至公元5世纪间已供使用。然而海拔近四千米的高度，使土地干旱和长时间霜冻，这些土地在今日只是低质量的放牧地。而灌溉渠道在某方面弥补了这些缺点。渠道的水维持了湿度的恒常，在白昼时储存热能，夜间再慢慢释放出来，可以将环境温度提高约两度。实验显示，即便数百年未使用，这些养殖技术仍然很有效率，安第斯山脉地区的一些居民因此重新采用此种技术，改善他们的生活。在美拉尼西亚和波利尼西亚地区，类似形式的密集式农业则以较小规模继续存在并持续运作着。

这些发现使我们必须重新审视习惯上所谓的古代社会与其他社会之间的区分。毫无疑问，所谓的古代社会并不“原始”，因为所有的社会发展都需经历漫长的时间。但是我们却认为可以如此称呼这些（在近代仍然存在的）社会形态，只因为它们将仍处于神灵或祖先创造它们时的状态视为典范。它们能够维持有限的人口，其社会准则和形而上的信仰则有助于保持不变的生活水平。当然，这些社会不能幸免于改变，但至少它们与我们的社会不同，并没有将就一个无止境的不平衡。我们的社会总是认为，为了生存必须努力搏斗，每天都得获得新的优势，才不会失去那些已经拥有的；然而时间多么稀有，我们得到的从来都不够……结论是，这两种类型的社会真的不可妥协吗？除了发达国家的农民和工匠对世界与自己的看法，直到近来才被认为较类似于异国民族，两个社会之间的关系其实复杂许多。关于原始人类出现后的两三千年间，这段时期的社会，我们所知不多；但对于距今十万至二十万年前的社会，我们则有较多的信息。在此期间，技术发展似乎并非规律地与时俱进。它的发展是不连续的，突飞猛进与长期停滞交互出现。数十万年前，曾经出现技术上的革命，但在时空上受到局限。人类祖先仅止于使用制造工具用的岩石块，将拣选过的卵石制成锋利且易于手持的工具。二十万年前，随着所谓的“勒瓦娄哇革命”[1]，制造技术变得日益复杂。要开发一块燧石，需要经过大约十五种不同的工序：人们得先用石锤分离出岩石碎块，然后用骨头制作的锤子或凿子去修饰，借此制作特定形态的工具。燧石块于是从工具变成制作工具的基础材料。因此，较为节省材料的“岩片”，与“岩块”并存，甚至取代了它们。最后，岩片本身成为主要材料：将它碎成小块，装上木头或骨头做成的柄，制作成钻

---

1 勒瓦娄哇革命（révolution levalloisienne），是 19 世纪在法国巴黎近郊的勒瓦娄哇－佩雷（Levallois-Perret）发现的一种制作石器的技法，该技法当时较为先进。

子、箭镞、锯子、镰刀等。这就是所谓的细石器工业。

我们知道，几万年以来，中东的某些地方一直都有人居住，并且他们处理石头的技术和工具并没有什么改变。相反，在史前时代，就质和量两方面而言，皆曾经历真正的技术爆发。

从质的角度来看，目前已知最古老的装饰物大约产生于三万五千年前，产地主要来自法国西南，然而部分材料却进口自数百公里以外的异地。就量的角度而言，在世界许多不同地区都有远溯及史前时代的制造产业（即便以现今对制造业的标准来看都算）。这些制造业大量生产特定类型的物品或器皿，供给市场需求。而在大约十五万年前的马格德林时期（époque magdalénienne）、法国西南部比利牛斯山山脚下，举行过多次部族间的展览会。那里有人贩卖来自大西洋和地中海的贝壳，也可以买到由外地的燧石所打造的工具，甚至还量产（数量可能达数百个）投枪器[1]，起码在绵延一百五十公里以上的遗址，皆曾发现许多同款的装置。

在比利时的燧石开采处、斯皮耶纳（Spiennes）地底布满了矿井和坑道，其开采范围占地五十公顷，深度超过十五米。当中设有专门的工作间，有的负责替矿工制作初步的十字镐

---

1 投枪器（propulseur）是绑在木矛上的木制装置，利用杠杆原理来增进投掷枪矛时的速度和准确性。在人类历史初期就已出现在世界各地。

以及斧头，其他的则为这些工具做最后的修饰。在英格兰的格赖姆斯洞穴（Grimes Cave），数百口矿井可以开采出数千立方米的白垩石，再从中炼取出燧石块。在原始时期，法国卢瓦尔河（La Loire）南边的矿业和工业中心勒格朗普雷西尼区（Le Grand Pressigny），占地超过十平方公里，从此地出口到瑞士和比利时的工具以及武器特别受欢迎，因为当地的燧石具有青铜般的颜色。在青铜十分昂贵且只有少数人能取得的时期，那里生产了许多仿金属武器的石制品。

大约在公元前 3400 年，美索不达米亚平原南部出现了书写行为，但只用于记录商品存量、税收收入、土地租赁契约、祭品列表等。这样的书写模式持续了一千多年，直到大约公元前 2500 年，人们才开始抄录神话、历史事件或从事文学创作。所有的例子都表明，史前和原始时代存有生产本位主义的精神，这样的精神并不专属于我们的当代世界。

因此，即使是我们认为古老的或落后的民族，都能在如石器、陶瓷品、农业等不同领域从事大量生产，有时甚至能得到超越我们的成果。但，这并不意味着演化都朝同一方向逐步前进。虽然快速创新的阶段和停滞阶段会随着时间交互出现，但有时也会并存，因为不同类型的发展模式是并存的，而非只有一种。

要理解这个令人费解的现象，我们可以借鉴某些生物学家的看法。他们反对物种进化是缓慢而渐进的假设，这些假设认为，物种进化最后只留下许多具有演化优势的些微变异，而淘汰物种的其他改变。某些植物或动物可能经过几十万甚至几百万年都不会变化。群体中的个体变异并不影响这种稳定性：这些差异性会互补，最终消弭。相反，当物种被隔绝于它所属的物种之外，也就是处于一个新的环境中，并且必须适应这个新环境时，它们的变化速度非常快且有益，就如同技术的进化是突飞猛进的一般。长时间的停滞被一些短暂的间隔打断（ponctuée）（“间断论”［punctualism］便是因此得名），并在这些短暂的时间内发生大量改变。此外，随着观点的不同，进化所呈现的面貌也大异其趣，性质完全不一样：以人口的观点而言，进化表现出来的是缓慢渐进的变异；如果以物种的观点来看，进化则是通过转化（transformation）进行，但无法肯定其适应性；就各物种群体（groupes d'espèces）而言，进化则是以大进化（macro-évolution）的形式进行；若将每个物种分开而论，可能很长一段时间都没有发生变化。

众所周知，现代人——也就是智人（Homo sapiens）——大约出现于十万年前的近东地区（可能来自非洲）。然而研究显示，人类最早产生的艺术行为（首饰、雕塑、石刻和骨雕等），似乎发生在智人出现后六万至七万年间。这也许可被视为生物学家所说的间断进化的例子。同样的，在一万五千年至两万年前的欧洲西南地区，阿尔塔米拉（Altamira）和拉斯科（Lascaux）的岩洞中，出现了令人眼花缭乱的完美壁画，也是同样的例子。

如果将间断论应用在人类社会上是可行的，那么我们应该承认，他们与环境的关系，如同他们的生产能力与艺术表现所反映的，并非总是属于同一类型。我们不应使用单一尺度来衡量人类社会，更不应将它们依照发展的程度来分类：因为它们的模式发展分属于不同性质。而这样的结论，在关于农业起源的辩论上，也得到相同的结果。

*

长期以来，人们总是认为，除了始于19世纪的工业革命外，只有农业的发明才能加快生产速度。因为农业，人类可以通过保存谷物，确保粮食的稳定供应，从而发展为定居群体。人口因此增加，并且当有过剩物资可以支配时，社会便能提供某些个体或阶级如酋长、贵族、教士、工匠等以奢侈的享受，他们不参与粮食生产，但各司其职。在长达四五千年的时间里，农业所带来并维持的动力，将人类由一个不断受到饥荒威胁的不稳定状态，导向一个稳定的存在：首先是村庄，然后是城邦，最后是帝国。

一直到近代，这样的意见都受到普遍认同。但在今日，这个对于人类历史显得简单而宏伟的理论已经受到冲击。详细的研究调查显示，那些未发展农业的民族，无论从工作时间、生产量、食品营养等方面来看，大部分都过着舒适的生活。我们以为那些地理环境先天条件不佳，但其实只是因为我们对自然资源过于无知；对于居住在那里的人来说，能够作为粮食的植物种类有很多。有一小群白人居住在加州的沙漠地区，过着辛苦的生活，但在那里的印第安人却认识且食用多达十二种极具营养价值的野生植物。在南非，即便遇到长达数年的干旱，仍有好几百万个曼杰提树坚果（Ricinodendron）腐烂在地，布须曼人[1]食用这种坚果的局部，而一旦粮食需求得到满足，他们就不再采撷它。

有人计算过，那些以狩猎和采集野生植物维生的民族，一个人可以供应四五个人的生活所需，生产力远较"二战"前的欧洲农民高得多。尤其是他们花在寻找食物的时间，每天不超过两到三个小时，每个人（包括儿童和老人）每天摄取的粮食超过两千卡路里，并且十分均衡。就如同亚马孙雨林里的印第安部落，他们每天食用的蛋白质和热量，超过国际标准所要求的两倍，维生素C更超过六倍！如果再加上他们

---

1 布须曼人（Bushmen），又称萨恩人（San），生活于南非、博茨瓦纳、纳米比亚与安哥拉等地的原住民，以狩猎采集维生。

在烹饪以及制造日用品所花费的时间，那些美洲、非洲和澳洲的民族，每天的工时都不超过四小时。事实上，尽管那里的成年人每天工作六小时，但每周只工作两天半而已，其他则是用来从事社会和宗教活动，以及休息、娱乐。

我们没有理由就此推断，这些生活状况描绘了整个人类在新石器时代前夕的处境。而除了澳洲和某些区域，当代人类学家所观察到的大多数猎人，可能都是退化后的产物。他们不能幸免于艰难的时刻，然而他们知道如何维持族群人口与自然环境的平衡，通过婚姻制度和其他各种禁令，将人口限制在大约每两平方公里一个人的密度。但这些措施并不表示所有人都能获得相等的权益。

无论如何，这些生活情形说明了，虽然少部分人懂得发展农业的技术，但他们既没有必要也没有意愿耕种土地、饲养牲畜。

这些未发展农业的民族，知道在季末时焚烧长满野生植物的田野，以确保来年有更好的收成。他们在住所附近开辟园圃种植喜爱的作物，栽培移植的样株。为了这些物种，他们利用堆肥、曲径、焚地等技术，创造独特的生态环境，使得日后种植的植物能适应翻搅过的土壤，长出理想的形态：可供食用的部分巨大且发育良好，又早熟。这些民族不会采收全部的作物，他们会留下部分，使得一些粮食作物在无意中繁殖。他们懂得植物，也知道如何帮助植物存活。

澳洲的原住民没有生活在农业社会。但若可以这么形容，我会认为他们都是隐喻意义上的农民：他们以复杂的庆典，祈求神灵保护野生植物，激励它们生长和繁殖，远离噪音和空气的伤害。也许，就隐喻意义而言，应该参考神话中动物被驯化的最初意象，在世界各地皆有这类例子。神话中的主角总是有着不可思议的超自然能力，可以将野生动物囚禁在围篱或洞穴内，一次只让它们出来一个，作为他所饲养动物的粮食，或者将它们全部拘留，引起饥荒。1.5万到2万年前，马格德林时期的猎人们，当他们创作洞穴里的壁画时，在有限的空间里集合了各种各样的动物形象，或许就象征意义而言，也是一种饲育。

总之，所有的心理状态，以及大部分涉及农业和动物驯养的技术，在它们的演化现象出现以前就处于蓄势待发的状态，我们不能将它们视为突发。如果狩猎—采集者完全有能力耕种土地却不那样做，那是因为——无论对错——他们认为其他方式能让他们活得更好。而且，在大多数情况下，他们熟悉邻近族群所过的农家生活，但他们拒绝仿效，因为耕种土地需要长时间的劳作，而休闲的时间太少。这个事实，在田野调查里已经被广泛证实：即使只是以基础方式在农地上耕作，都比狩猎和采集所要花的时间更多，也更辛苦，还无法得到较多的收获。

因此，历史学家和人类学家自问：如果农业既无必要也不具吸引力，它为何会出现？三十多年来，这个问题引起了激烈的讨论。不久之前，人口压力、定居形式、社会结构多元化等因素还被视为农业革命的结果，但现在多数人认为，这些才是引发农业社会的原因。

此外，有些民族对农业一无所知。最有名的例子是公元前数千年绳文时期（époque Jômon）定居在日本东部的渔民。而直到 19 世纪初都还定居在加拿大太平洋沿岸、同样以捕鱼维生的印第安人，虽然未发展农业，但也具有十分复杂的社会组织。中东某些地区于农业经济出现前，似乎也生活在固定的村落里。

有一个关于农业起源的理论颇具吸引力。根据这个理论，农业起源于一些小群体的努力，他们搬离原本的居住地，尽管新居地的条件不佳，但依旧奋力维持他们原本采用的农业技术。于此处，我们再度看到（然而是在文化范畴内），间断论生物学家解释新的自然物种出现时所说的假设条件。我们也注意到，起步阶段的农业，以及之后相当长一段时间，其作用似乎只在于弥补狩猎和采集季节的粮食缺口。

但是，若从更广泛的角度来考虑问题，我们必须承认，无论农业或动物驯养，都不只是单纯为了满足经济发展的需求而已。人们认为驯养动物是一种奢侈，是财富、威望的象征，这样的观念早于将它们视为食物或原料的来源。如今我们还能在印度和非洲观察到这样的现象。在中东，羊的驯化历史可以追溯到一万一千年前左右；而五千年之后我们才开始利用羊毛。在美洲和东南亚，最早种植的作物，多半不是为了它们的食用价值，而是因为它们是奢侈品：辛辣调味品、能够进行再制的植物，还有一些珍稀植栽，包括了即将灭绝、需要保护的品种——例如墨西哥辣椒和剑麻，南美的棉花、葫芦，北美东部的向日葵、藜和水生接骨木，泰国的槟榔等。与保护粮食作物相较，人们倾向拥有更多珍稀植物，因为前者在野外已经相当丰富，足以满足他们的需求。

加州印第安部落之间进行货物交易，也并非为了得到日常消费品，而是为了得到奢侈品：矿石、黑曜岩、羽毛、贝壳链饰等。值得注意的是，现今用以创作工艺的技术，例如制陶和冶金，最初都只是用来制作装饰品和首饰。而人类历史上最古老的工业化合物，也许是经过数个阶段制成的四钙磷酸盐（phosphate tétracalcique），但它的制造也不是出于经济目的，而是因为马格德林画家的美学需要：大约在一万七千年前，画家们寻求一种特殊色调的颜料，这个化合物于焉而生。

我们不应认为社会的发展只有单一模式，并且也应该承认，人类的生产活动方式皆不尽相同。从以采集野生动植物为主要维生之道的民族，到猎人—采集者，然后是农民，他们并不代表一个通体适用的演化规则当中的各个阶段。根据某些观点，农业的确是一大进步，它可以在固定的时间与空间中生产更多食物，允许人口更迅速地成长，土地开发更密集，并使社会群体向外延展。但是，从其他角度看，农业也代表一种退化：它使饮食质量降低，并且仅限于少数几种卡路里很高，但营养价值很低的产物。目前已知可以作为粮食资源的作物大约有上千种，但农业保留下来的只有二十余种。并且因为限制了生产范围，农业必须蒙受收成欠佳的灾难，也要求更多的劳动力。此外，因为驯化动物之故，甚至可能得为某些传染病的蔓延负责。就像在非洲，农业的传播和某种贫血病——镰刀型细胞贫血疾病（la drépanocytose）——在时空上的巧合显示：这种贫血病承袭自双亲某一方的基因，可以保护患者对抗疟疾。当疟疾随着开垦范围的扩大而肆虐，这种贫血症也跟着传播。

这样的现象并不只发生于过去。第二次世界大战促使阿根廷种植玉米的规模扩大，以便出口到欧洲；传播出血热病毒的田鼠借此不断繁殖，疾病也在同一时间不断增加。而其他因为农业而得利的病毒，目前正在玻利维亚、巴西、中国、日本等地形成，因为在人类所创造的如堆肥、垦地、积水处等生态小环境中，传染病的媒介能蓬勃发展。

对于我们的大型现代社会而言，过去的农业是种无法拥有的奢侈，因为现代社会有几千万甚至几亿的人口嗷嗷待哺。如果我们的祖先曾经远离农业，人类的进化会有所不同。而相较于我们的人口数量，猎人—采集者的数量显得微不足道。但是，难道我们可以因此宣称，迅速成长的人口数量就代表进步吗？几千年来，各种形式的生产活动提供了如此多样的选择，每种都一定具有其优势，但我们也必须为它们所带来的损害付出代价。

社会问题：割礼和人工生殖

Problèmes de société: excision et procréation assistée

本文发表于 1989 年 11 月 14 日

出自 “Il segreto delle donne” , *La Repubblica*, 14 novembre 1989

数十年来，人类学家和他们研究对象之间的关系已有显著改变。从前被当作殖民地的国家，现在已然独立，它们抱怨人类学家鼓励旧习俗和过时的信仰，阻碍它们发展经济。对急于现代化的民族而言，人类学家就像殖民主义的最后化身，它们不信任他，甚至表现出对他的敌意。

此外，有一些少数原住民，继续在一些大型的现代国家如加拿大、美国、澳大利亚、巴西等地生活。这些原住民对于自身的民族性格、道德和法律权利都有比较深层的认识，拒绝被人类学家作为研究对象，他们将人类学家视为知识领域中的寄生者，甚至剥削者。随着工业文明的扩张，能够保持传统生活方式并作为人类学家研究对象的社会，数量已显著下降。与此同时，“二战”以后，因为社会科学和人文科学的流行，研究人员的数量倍增。在美国，五十年前已有人开玩笑地说，印第安家庭成员至少包含三个人：丈夫、妻子和人类学家……自此，情势每况愈下，原住民群体厌倦作为人类学家的猎物，开始反抗。要进入他们的保留区，人类学家有时需要满足他们各式各样的要求。其他的则是纯粹禁止人类学研究：我们可以以教师或医护人员的身份进入他们的居所，但必须提供一份书面承诺，不准询问有关社会组织或宗教信仰的任何问题。受访者非必要时不会讲述神话，除非签署合同，而合同中必须承认他拥有作品的所有权。

但是，由于事态的反转，人类学家和他所研究的民族之间的关系，有时也会随之反转。部落求助于人类学家，甚至雇用他们，请他们出席法庭，协助维护原住民的土地权利，废除曾经强加给他们的规约。例如在澳大利亚，原住民和人类学家曾多次试图阻止政府在原住民的圣地设置火箭发射场或给予采矿特许。这些诉讼涉及的所有权相关地区有时无边无际。加拿大和美国也都持续进行同类型的诉讼。在巴西，印第安人开始筹划组成全国性的组织，可以预见的是，他们也会发起类似的行动。在这些情况下，人类学家的工作性质完全改变了。以前人类学家雇用当地原住民，现在则是原住民雇用人类学家。诗歌中颂扬的冒险让位给了图书馆中严肃生硬的研究，伏案累牍的档案整理，用以丰富事件的数据，并以合法的方式将之统合。官僚主义、程序步骤取代了生动的“田野调查”，或者至少改变了田野调查的精神。

*

法国人类学家从未思及会在自己的国家遭遇相同的经历，然而由于移民问题的重要性日益增加（特别是来自非洲大陆的移民），这一情形正在发生。近一两年来，许多律师求助于人类学家，一起为非洲移民辩护，因为他们亲自或请专业人士为他们的女儿执行割礼。女权组织以及其他致力于保护孩童的团体则在由检察署提起的诉讼中担任原告。最初，女性割礼被视为轻罪，由地方法院审理；但自 1988 年起，根据法国法律，割礼被认定为故意袭击与伤害，改由重罪法院审理，而父母为孩童实施割礼也被认为是有罪的。

1988 年的一起案例判决引发了争议，因为女孩已经死了——似乎不是因为割礼本身，而是因为忽略了割礼的后遗症。因此，检方除了袭击和伤害外，还提出了危险时无人援助的控告。1989 年 10 月初，巴黎重罪法院裁定另外一起女性割礼案件，此案件中女孩没有因为割礼而受到任何伤害。但是这两起案例宣告的惩处是完全一样的：三年缓刑……没有什么更能显现法庭的尴尬了：无论执行割礼的结果如何，致命或无害，法庭全都觉得必须同时给予谴责和宽恕。

非洲和印度尼西亚的许多民族有女性割礼的习俗（古埃及时期已经存在），切除阴蒂之外，有时也会切除小阴唇。未接受割礼的女孩被认为是不纯洁，甚至是危险的，将无法找到结婚对象。与欧洲人的普遍认知相反，这种做法并非由于受到男性强迫；1988 年的诉讼案中，被告的口译员解释：它是“女性间的秘密”。女人们都希望女儿与自己一样，接受割礼。

在提起诉讼之时，检察署同时受到女权主义团体和其他协会所把持的公众舆论的压力。这些组织如何为他们的愤怒辩解呢？

首要的起诉理由似乎是：割礼使女性不再拥有快感，而这是我们社会宣扬的人权之一。第二个起诉理由是：女性割礼是对孩童身体的伤害。

令人惊讶的是，后一种说法，从来不曾也一直未被提出来反对男性割礼——这两种侵犯属于同一类型。有些人认为，男性割礼是温和的小手术，不像女性割礼可能导致被诟病的严重缺陷。然而这种观念对或错？我有位好朋友，来自布勒托讷旧式的天主教家庭，他深信割礼会减损男性的快感，因此不想妥协。关于女性割礼的看法则见仁见智。对于女性的敏感带，我们的认识如此模糊，因此最好承认我们所知极少。在 1989 年 10 月的诉讼中，我们听到一位接受过割礼的非洲女医师宣称她从未感觉在这方面有所匮乏。她补充说，她来到巴黎后才知道，受过割礼的妇女会性冷淡……

无论如何，显而易见的是，即使对快感没有任何影响，男性割礼依旧损害了孩童的身体，使得孩子自觉与其他孩子不同，就像女性割礼一样。我们不明白，后者所引起的议论为何在男性割礼上却不复见；是否仅仅因为我们太过熟悉于犹太—基督教文化，才使得我们对男性割礼应带来的震撼免疫。男性割礼属于一个共同的文化遗产，对犹太人而言是直接的，对基督徒则是间接的。因此（而且也仅仅因此）它不会令我们困扰。

在关于女性割礼的诉讼中，辩护律师请教人类学家的意见在两个辩护路线之间进行选择。他们相信，并且认为可以说服法官，在这些被视为落后的社会中，个体并没有自由意志，他们完全受制于团体所施与的约束，因此不必为他们的行为承担责任。关于这点，人类学家与律师的观点不同。他们知道，对于那些被误称为原始或古代的社会而言，这种想象是属于19世纪的过时思想。在所有社会中，包括那些被误判的社会，个体行为存在很大的不同。虽然其成员或多或少会忠于群体规范，然而并非绝对无法逃脱。因此，这样的辩护方式，律师或许会为他的客户得到赦免的机会，但同时会使他们和他们的文化丧失信誉。矛盾的是，辩护人却因此强调了原告的良知，因为他们也同意原告所代表的文明绝对至上性，并且法院还能依此宣判。

而人类学家则试图让法官了解，即使我们认为割礼是野蛮和荒谬的，但赞同这些信念的人应是无罪的。在拥有女性割礼或男性割礼习俗的地方（这两个习俗往往是并存的），两者有共同的潜在逻辑：造物主在确立两性之间的区别时并没有善尽职责。因为工作时太急躁、太粗心或者受到干扰，他在女人身上留下一丝阳刚之气，男人身上又带有一点女性魅力。阴蒂、包皮的去除，是为了使作品尽善尽美，摆脱性别原有的残余杂质，让两性都能合乎它们各自的性质。这种形而上的思维与我们不同，但我们仍然可以认同其一致性，而非无视它的美丽与壮阔。

因此，与其将被告视为下等阶层，并不知不觉地呼应了种族主义者的偏见，人们应努力证明的是，在某些文化情结中无意义的习惯在另一文化可能意义非凡。因为，并没有一个共同标准足以评断任何信仰体系，更谈不上可因此对某个体系加以谴责；除非认为其中一种信仰（当然，就是我们的）代表了普世价值，而且可以成为举世所依。但，我们基于什么理由可以如此认为？

没有任何人能以特定道德之名来惩罚别人，他们只是遵循自己原有的道德伦理习惯。但这是否意味着我们应该顺应这些不同习俗？结论并非显而易见。人类学家、伦理学家的客观观察显示，在我国，女性割礼会引起公众良心上的抗拒。我们的价值体系，和其他价值体系一样，有权受到尊重。如果在同一块土地上，无法兼容的两种习俗可以自由地融为一体，我们的价值体系将因此深受伤害。因此，女性割礼的审判具有示范价值。虽说认为可以对该行为加以谴责的想法是荒谬的，但倘若一个道德选择涉及了当地文化的未来，只可能有两种方向：若非表明所有习俗在任何地方都是被容许的，便是将那些打算继续忠实于他们习俗的人遣返回他们的祖国（尽管这是他们的权利，但无论动机为何，他们严重伤害了接待国的感情）。在1988年和1989年的判例里，于被告眼中，唯一的解决之道是，比起驱逐出境，缓刑可能是一个较为宽松的处罚。

*

在另一个领域，人类学家同样被推上公共舞台。许多国家邀请人类学家加入政府的咨询委员会，就有关人工生殖的新方法提供意见。因为面对生物科学的进步，舆论一直摇摆不定。对于患有不孕症的夫妇（无论是一方或双方），有几种方法可以拥有孩子：人工授精，卵子捐赠，租借子宫，与来自丈夫或另一名男子的精子或是来自妻子或其他女人的卵子进行体外受精。这所有的方式都该被允许吗？或者应该允许某些方法，而排除其他的？然而，又该根据什么标准判定？

欧洲国家的法律对于这种司法上前所未有的情形，没有现成的答案。当代社会认为，亲子关系是来自生物学上的联结（比起认为那是一种社会性联结的看法似乎更具优势），英国法律甚至不存在社会性亲缘关系的概念。根据这种概念，精子捐献者可以依法要求拥有孩子，或者可以依需求保留这样的权利。在法国，拿破仑法典规定，母亲的丈夫是孩子的法定父亲，它否认生物性亲缘关系，而独厚社会性亲缘关系。法国的古老格言说：父亲，即是婚姻关系所指定之人（Pater id est quem nuptiae demonstrant）。然而，1972年的一条律法违背了此精神，因为它允许追寻亲子关系。我们不再知道社会性或生物性何者优先于另一者。那么，对于人工生殖所带来的问题：法定父亲并未提供精子，而且母亲本身没有提供卵子，也未提供妊娠时所需的子宫，我们该如何判断？

由此一过程所生育的孩子，根据不同情况，有一位父亲和一位母亲是正常的，也可能有一位母亲和两位父亲、两位母亲一位父亲、两位母亲两位父亲、三位母亲一位父亲；如果提供精子者和丈夫不是同一人，过程中又涉及了三个女人：一者提供卵子，一者出借子宫，而第三者将是孩子的法定母亲，孩子甚至会有三位母亲和两位父亲。

社会性父母和生物学上的父母自此不再合一，那么该如何判断他们的权利和义务？若提供子宫者孕育出畸形的孩子，而这对夫妻请求法庭协助，拒绝接受这样的小孩，法庭该如何解决这样的难题？或者，相反，如果一名受托于不孕夫妇，接受男方的精子而受孕的女子，改变主意想要保留这个孩子，法庭又该如何面对？对于所有的要求，例如，一名女子要求与她已故丈夫的冷冻精子进行人工授精；两位女同性恋希望以其中一人的卵子，通过人工方式接受匿名捐赠而受精，再将受精卵移植到另一个人的子宫内，以得到一个孩子，是否都应该视为合法正当？

精子或卵子的捐赠、子宫的出借，是否也可以成为有偿契约的对象？捐赠者应该匿名吗？或者社会性父母以及孩子自己，也可以知道生物学上双亲的身份？这些问题并非毫无根据，它们和其他更加匪夷所思的问题都已持续发生。所有这一切都前所未闻，法官、立法者，甚至伦理学家都缺乏类似的经验，完全束手无策。

但并非只有人类学家不会受到此类问题的困惑。当然，他们所研究的社会，对于体外受精、卵子或胚胎的提取，然后转移、植入和冷冻的现代技术一无所知，但这些社会已经设想过隐喻上相等的情况。因为它们相信其现实性，所以在心理和律法方面同样也都做过构想。

我的同事埃里捷－奥热（Héritier-Augé）女士曾经指出，在非洲布基纳法索的萨莫人（Samo）有类似捐赠授精的行为。

在那里，女孩年纪很轻就结婚。而在前往她的配偶处生活之前，每个女孩都必须拥有一名正式恋人。一旦时机成熟，女孩就会带着来自她恋人的孩子去她丈夫处，这个孩子将被视为这个合法婚姻的第一个孩子。就男方而言，一个男人可以娶数名妻子，如果她们离开他，他仍是她们生育的所有孩子的合法父亲。

某些非洲民族也有同样的情况，当男人的妻子或妻子们离开他，他有权成为这些妻子未来孩子的父亲。只要在她们成为母亲之后，和她们发生产后第一次性关系，这份关系就决定了谁将会成为下一个孩子的合法父亲。一个男人娶了一位不孕的女人，能够以无偿或以依约付款的方式，从一个有生殖力的女人处得到她指定的孩子。在这种情况下，女人的丈夫是精子捐赠者，而女子出借她的肚皮给没有子嗣的另一个男人或夫妇。尽管出借子宫是否应该免费或者可以计酬在法国引起热烈的讨论，但在非洲，这个问题并不存在。

苏丹的努尔人（Nuer）则将不孕的女人视同男人，因此她可以与另一名女子结婚。尼日利亚的约鲁巴人（Yoruba）认为，有钱的女人可以为自己购买许多妻子，和一位男人共同生活。孩子出生时，这个女人，法律上的“丈夫”，可以要求拥有孩子，或者可以将孩子以有偿方式让渡给亲生父母。在第一种情况下，夫妇是由两位女人所组成，她们是文字意义上的同性恋者。她们借助人工生育的方式拥有小孩，其中一名女性将是法律上的父亲，另一名则是生物学上的母亲。

古代希伯来人间常见的迎娶寡嫂制度，在今日世界仍然普遍存在。这个制度允许（有时甚至是强迫）弟弟为死去的哥哥生育，等同一种死后（postmortem）授精。更明显的例子是苏丹努尔人所谓的“鬼”婚：如果一个男人去世时未婚或尚无子女，近亲可以用死者畜养的家畜换购一名妻子，然后与这个女人一道为死者生育一个儿子（近亲则将这个儿子视为侄子）。有时，换成这个儿子为他生物学上的父亲——但在法律上是他的叔叔——执行同样的任务。他所生育的孩子则是他法律上的堂弟。

在所有的这些例子中，儿童的社会地位是根据法定父亲而决定的，即使“他”是一名女性。孩子知道他亲生父母的身份，他们之间的情感联系将他们联结在一起。与我们所担心的相反，信息的透明并不会引发儿童因生物学上的父亲和社会关系上的父亲不同而产生冲突。

在西藏，存在着几个兄弟共有一名妻子的例子。所有的孩子都被分配给最年长的兄长，孩子们称他为父亲，称呼其他人为叔叔。他们并不知道实际的生物性亲缘关系，但也不认为那是重要的。相同的情形也出现在亚马孙的图皮－卡瓦希伯人（Tupi-Kawahib）身上，我研究这个民族已经有五十年：

一个男人可以娶姐妹中的几位，或者娶一名母亲以及她在前一段关系中所生的女儿。女人们一起养育小孩，似乎一点也不在乎她们所照顾的孩子是她己身所出，或是丈夫的另一名妻子所生的孩子。

生物性亲缘关系和社会性亲缘关系之间的冲突，令我们的法律学者和伦理学家感到困惑，可这种困惑不存在于上述的社会中。它们认为社群是最重要的，在其群体意识形态或者成员信仰中，生物性亲缘与社会性亲缘并无矛盾。然而，我们也不会因此认为，我们的社会必须根据这些异国例证来形塑自己的行事方式。但通过这些例子我们至少可以得知，人工生殖的问题有很多不同的解决方案，没有任何一个应该被视为自然的或者不证自明的。

其实，并不需要那么遥远的例子才能说明事理。关于人工生殖，我们主要关注的似乎是授精与性爱，甚至可说性欲分离的问题。如果要让人接受，这些事情必须发生在实验室冰冷的气氛下、受到匿名保护、由医生居间执行，以排除参与者一切的个人接触，以及任何情色或情感的交流。然而，在现代技术发明之前，我们的社会并非没有捐精行为存在，这种服务不但毫不扭捏，而且可以说是在“家庭内的”（en famille）。巴尔扎克于1843年开始写作一部最终未完成的小说——那是社会和道德偏见远较今日更为强烈的年代——饶富深意地将小说题为《微小的中产阶级》(*Les Petits Bourgeois*)。这部无疑受到真实事件启发的小说，讲述了两对夫妇朋友，一对有生殖能力，一对不孕，相处非常融洽。有生育能力的女人负责和不孕女子的丈夫生育一个孩子。如此结合而生的女孩，受到两个家庭共同的疼爱。他们住在同一栋楼，周围的人也都知晓这个情况。

对于不耐立法程序的法律学者和伦理学家，人类学家往往提出审慎对待的建议。即使这些做法和要求——准许处女、未婚者、丧偶者，或者同性伴侣进行人工生殖——令舆论感到无比震撼，但必须强调的是，这些情况在其他社会也存在，而那些社会并没有因此比较败坏。

明智的做法可能是，相信每个社会的内部逻辑和价值体系，以建立可行的家庭结构，消除那些会产生矛盾的结构。最终，只有惯例可以让人明了，历经一段时间后，集体意识接受什么，而又摒弃什么。

*

人类学家经常听到，他们的学科注定要面临构成其研究领域的传统文化迅速灭绝的情况。在一个标准化的世界里，所有的人都追求同一种文化模式，那么留给不同者的位置在哪里？我提到的两个例子，女性割礼和人工生殖，都显示了今日世界向人类学家所提出的问题并未消除，而是转移了。当女性割礼发生在远方，与我们没有任何关系的异国时，并不会令西方人的良心感到困惑不安。18 世纪，像布丰[1]这样的作家还以冷漠的口吻谈论此事。恕我直言，如果我们现在感到切身相关，那是因为人口的流动，特别是大量的非洲移民引进了在家进行的女性割礼。在有距离的情况下，不能兼容的习俗可能和平共存，在急剧靠近后却相互冲突。而与割礼对比的人工生殖使我们的良心面临难题，则是因为相反的原因：在我们的社会中，传统道德和科学进展之间的鸿沟愈来愈深。对于其间的矛盾，我们不知是否可以调和，也不知该如何调和。无论如何，这两者都使社会转向人类学家寻求帮助，要求他们发表意见（但实际上并不见得采纳），这显示了人类学家一直有其实际功能。一个世界文明的诞生，将会使外部差异之间的冲突更加险峻，然而也并非意味个别社会当中就没有内部分歧。人类学家，正如法语所说，还有许多任务有待完成（avoir du pain sur la planche[2]）。

1 乔治－路易·布丰（Georges-Louis Leclerc de Buffon，1707—1788），法国的博物学家、生物学家，也是启蒙时代的著名作家。

2 Avoir du pain sur la planche，法国谚语，字面意思是“板子上有面包”，指“还有许多任务有待完成”之意。——编者注

作者自叙

Présentation d'un livre par son auteur

本文发表于 1991 年 9 月 10 日

出自 "Gli uomini dellla nebbia e del vento", *La Repubblica*, 10 septembre 1991

《猞猁的故事》(*Histoire de Lynx*)[1]，可能将是我的最后一本书(无论如何，都是我致力于美洲印第安人神话的最后一本)。这部在年老时撰写、出版的书，即将于今年，也就是1991年年底——发现新大陆五百周年的前夕问世。很自然地，这本书表达了我对美洲印第安人的敬意：我在1935年首度认识他们，他们的习俗、社会制度、宗教信仰、哲学思想、艺术美学都丰富了我的思想。

这本书的主题并未在我原先的写作计划中，但在书写时却自然衍生。最初，我只是解决一个特定的问题，这个问题的独特性曾多次让我受到冲击，于是我将它屏弃于之前的作品外，并自我允诺，如果上帝给我更多日子，有一天我会回到这件事上。

在北美洲西北地区的神话中，雾的起源和风的起源常被拿来并置对比。神话学将这两者并置，是因为它们都属于同一

1 Paris, Plon, 1991.——原注

个类型的神话；但神话又将此两者对立比较，因为就雾的起源神话来说，风在故事开始时已经存在：它是以人的样貌出现，而且在它十分瘦小且单薄的身躯上，长着很大的头颅，整个人左右飘动，足不着地；或者，它被描述为一个圆润、空心、没有骨头的身体，能够像球一般弹跳。这个邪恶的存在会迫害人类，一位年轻的印第安人成功地攫获它，并在它承诺此后只会轻轻吹拂以后，才予以释放。雾位于天地之间，可被称为空间的中介者；而风则根据节令周而复始，是一种时间上的中介者。

与这两种气象有关的神话，都属于一个更大的神话系统，并一再重现同样的主角与事件。这些神话如同俄罗斯套娃般互相套叠。其中关于捕捉风的神话，情节最丰富，位于系统最外围；关于雾的起源神话，虽轻描淡写，却占据了系统的中心位置。神话正是通过这些故事开始的。

乍看之下，它们具有短篇故事的样貌，没有任何宇宙论上的意义。在人类和动物尚未被明确划分为不同物种时，一位生病、引人反感的老人，名唤猞猁（Lynx），有意或无意地让一抹唾液或尿液流淌在村庄头目的女儿身上（有时是以其他方式），使她怀孕。孩子生下来后，人们安排一场试验，以便知道村中的哪位男人是孩子的父亲。婴儿指着猞猁。村民们十分愤怒，将猞猁打得生命垂危，然后将他和妻儿一起遗弃。

之后，猞猁变身为俊美强壮的年轻人，还是位杰出的猎人，使他的家庭过着富足生活。与此相反，对于那些迫害他的人，猞猁则送了厚重的浓雾至他们建立的村庄，让他们无法狩猎，也因此造成了饥荒。最后居民们请求猞猁宽恕，而他原谅了他们，成为村庄的头目。

这个神话，除了道德教诲外，并没有太大的意义，但在美洲的两个彼端，却都出现非常相似的故事。在发现新大陆之后的许多年，墨西哥、巴西、秘鲁等国家的游客或传教士都听过这个故事。尽管它不具有特殊意义，但它的流传却有令人惊讶的稳定性。不仅表现在空间上（从加拿大一直到南大西洋和安第斯山脉的水岸），也表现在时间上，因为这些四个多世纪前收录的故事，与我们今日所听闻的几乎没有什么不同。

然而，这个神话——迷雾起源的神话，始于一个老旧、不健康的皮囊，后来主角将它摆脱——的加拿大版本中，猞猁有个主要敌人，郊狼（Coyote），通过之后的叙述我们将会看到，它在一系列传说中扮演着重要角色：捕获风的人。猞猁是猫科，郊狼是犬科。两个科别之间的对立不会让我们讶异：彼此不兼容的情绪不正是我们认识的猫和狗吗？ 19 世纪初，一位名气不大的诗人，马克－安托万·德萨吉耶（Marc-Antoine Désaugiers）创作了一首小调，当中的每一段都有“像猫与狗”

一样的对照组，不仅有伏尔泰和卢梭、格雷特里（Grétry）和罗西尼（Rossini）、古典与浪漫，也有责任和快乐、道德和欲望、公正和公平……毫无疑问，这些对照的哲学意涵，无论是在他或是在我们眼中，不过是诙谐的趣语。但美洲印第安人在神话里给予它们充分的意义，而且考虑到一切由此衍生的结果。

根据故事，这个对立一开始并不存在。他们说，猞猁和郊狼过去曾是亲密的朋友，有着同样的身形。但是它们发生了争执。为了复仇，猞猁将郊狼的口鼻、脚掌和尾巴变长了，郊狼则将猞猁的口鼻和尾巴缩短了。自此，它们的形貌成为对比：一个是外向型，另一个是内向型。

总之，无论是身体上或精神上，猞猁和郊狼，猫科和犬科，一开始就像双胞胎一样，而且也许能够一直如此。但是，神话暗示那将违背世界秩序，这两个一开始相似的生物必须变得不同。由此可以了解神话赋予这些故事的重要性。通过形象的转变，这些故事传达了孪生的不可能性，这是美洲原住民哲学思想的核心。

根据这些故事，生物和事物起初是建立在一系列的两两分裂之上。最初是造物者离开他的创造物。这些创造物则被分为印第安人和非印第安人。然后印第安人当中又分为同胞和敌人。同胞之间则出现进一步的区分：好人和坏人。好的同胞又再分为强者和弱者。在这种二分法的几个层次上，都有双胞胎或差不多是双胞胎（来自不同父亲）的兄弟，他们天赋不等，分别代表某一个分支：一者爱好和平，另一者好战；一者聪明，另一者愚蠢；一者灵巧，另一者笨拙；等等。每个阶段产生的不同部分，必然不会相等：某种程度上，其中一者总是优于另一者。

神话中隐约传达的是，自然现象和社会生活是依循着两极模式来安排的：天和地、高和低、火和水、雾和风、近和远、印第安人和非印第安人、同胞和异乡人等。虽然每一组词语都互有牵涉，但永远不会一模一样。造物者试图将它们配对，但无法让它们均等，总是会同中生异。宇宙的正常运作依靠的正是这种动态不平衡；若非如此，随时可能会陷入惰性状态。

这能够解释，为何美洲印第安人神话中的双胞胎，从来没有以纯粹的状态出现。相反，令人感到惊讶的是，至少在美洲热带地区（很多时候别处亦然），印第安人对双胞胎的诞生会产生忧虑，而让其中一人或两人都死去。而如果在神话中，双胞胎神灵或英雄能够扮演积极的角色，那是因为他们的双生状态是不完整的，而且受孕或出生的情况特殊。这也是卡斯托耳和波吕丢刻斯[1]的情形。这对狄俄斯库里[2]兄弟努力想变得一样，最后如愿以偿。但美洲的孪生子却从未克服他们之间一开始便存在的差异，他们甚至深化了差异，仿佛形而上的必然性迫使所有成对的关系都要分裂。

一系列分裂造成的后果是：就宇宙的层面而言，不同极端无法被调和，永远不可能变得一模一样。就社会学和经济学的层面而言，则像一个永恒的跷跷板游戏，在外的是战争和贸易的关系，在内则是相互关系和阶级之间的摇摆。

在这一系列的两两分裂中，白人的分裂和印第安人的分裂特别值得注意。如果我们参考欧洲所知最早的巴西神话——由方济各会的法国修士安德烈·特维（André Thevet）在1550至1555年间所收集、1575年出版的《环球宇宙学》（*Cosmographie universelle*）一书中，关于图皮南巴（Tupinamba）起源的神话——可以读到，在世界创始之初，造物主和他的创造物一起生活，而他对他们从不吝于善行。

---

1 卡斯托耳（Castor）和波吕丢刻斯（Pollux）是希腊神话中的一对孪生兄弟。哥哥波吕丢刻斯的父亲是宙斯，拥有永恒的生命，弟弟卡斯托耳的父亲是斯巴达王，为凡人。弟弟卡斯托耳在一场混乱之中被杀身亡。哥哥波吕丢刻斯无法接受弟弟死亡的事实，便向父亲请求，希望宙斯让弟弟复活。但是宙斯表示，卡斯托耳只是个普通人，本就会死，若是真的要让他复活，就必须把波吕丢刻斯剩余的生命分给他。波吕丢刻斯毫不犹豫就答应了。宙斯深受感动，将两人都安置在天空成为双子座，永不分离。

2 卡斯托耳和波吕丢刻斯这对兄弟常被合称为“狄俄斯库里”（Dioscures）。

但这些创造物忘恩负义，于是造物主摧毁了他们，却拯救了其中一位男人，并为他创造了一名女人，以便这对伴侣能够繁衍。如此形成了一个新的种族，特别是第二位造物主：人类创造了艺术，是所有艺术的主人。白人是他们真正的孩子，因为他们的文化超越了印第安人。

因此，在天地创立之初，白人和印第安人之间的区别已经存在了。如同阿尔弗雷德·梅特罗[1]指出的，同样类型的神话，也出现在许多印第安部落中。在美洲被征服后，这些神话很快就出现，所以可以用来解释这些相似性。倘若美洲印第安人神话的深层结构如同我方才试图厘清的，那么解释神话的困难就不再存在。

刚才提到，这些神话是以众生和事物间不断出现的差异来构成。理想情况下，每一阶段都有一组对称，但双方总是不平等。对印第安人而言，没有任何的不平衡会比白人和印第安人之间的更强烈。但他们拥有一个就某种程度而言预先制作的二分模型，让他们能够将此种对立及其后果一起转移到系统中，在那里有一个地方似乎是专门为这种对立保留的。因此，相对性一旦建立，就开始运作。就形而上学的前提而言，印第安人在他们的系统中顾及了他者的存在。

---

1 阿尔弗雷德·梅特罗（Alfred Métraux，1902—1963），瑞士人类学家，专长于拉丁美洲、海地、复活节岛的原住民民族研究。

历史记载也确认了这一点。从新世界的一端到另一端，印第安人表现出对白人的高度好感，迎接他们，适应他们，让出空间给他们，给予他们一切想要的，甚至更多。

这样的付出，却没有得到同等回报，就像哥伦布在巴哈马和加勒比海地区，以及之后科尔特斯[1]在墨西哥、皮萨罗[2]在秘鲁、卡布拉尔[3]和维盖尼翁[4]在巴西、雅克·卡蒂埃[5]在加拿大所做的。只不过那是因为，远在白人到来之前，于美洲印第安人的心目中，他们自身的存在也就意味着非印第安人的存在。无论是在墨西哥或安第斯世界，被征服后所记录下的传统习俗，甚至能证明他们等待着白人的到来。这个神秘的先见之明，因此有了解释。

在太平洋沿岸的美国西北部和加拿大地区，原住民与白人的接触较晚。该地的印第安人只有在18世纪和西班牙、英国、法国以及俄国的航海者有过接触。19世纪则开始有毛皮贸易，

1 埃尔南·科尔特斯（Hernán Cortés，1485—1547），西班牙殖民者，以摧毁阿兹特克古文明（Aztec），并在墨西哥建立西班牙殖民地闻名。

2 弗朗西斯科·皮萨罗（Francisco Pizarro，1471—1541），西班牙早期殖民者，开启了西班牙征服南美洲（特别是秘鲁）的时代。

3 佩德罗·卡布拉尔（Pedro Álvares Cabral，1467—1520），葡萄牙航海家、探险家，被普遍认为是最早到达巴西的欧洲人。

4 尼古拉斯·维盖尼翁（Nicolas Durand de Villegaignon，1510—1571），文艺复兴时期的法国探险家，曾为法国在巴西建立了一个新教徒的殖民地。

5 雅克·卡蒂埃（Jacques Cartier，1491—1557），法国航海家、探险家，为欧洲人开启了通往加拿大的大门。

主要的交易对象是法裔加拿大人——当时被称为“旅行者”，接触机会因此倍增。印第安这种展开双臂迎接新来者的传统，使得他们的神话也深受法国民间故事浸渍，因此区别本地元素和外来因素变得相当困难。

印第安人表现在哲学思考和叙事创作的精神态度，与欧洲人面对新世界民族的态度形成鲜明对比。在新大陆发现后的第一个十年里，欧洲人对人和事冷漠以待，对太多新事物故意视而不见，但又拒绝承认自己的这种态度。对16世纪的人而言，美洲的发现并未表现出其风俗的多样性。而这种风俗被矮化成在埃及、希腊、罗马皆有，并且人们早通过古代的伟大作家认识了。新发现的美洲民族，仅仅证明了这种看法而已。所有一切都似曾相识，或至少已知。这种抽离、反复、故意视而不见，显示了欧洲原以为自己是世上的唯一人种，却突然察觉到自己只是其中一半的反应。

当然，稍晚的蒙田[1]，从游记当中获得关于美洲印第安人的习俗，并把它作为对我们自己体制和道德的批评基础。但蒙田的激进怀疑论认为，如果所有的体制都是平等的，并且因此都同样可受批评，同样应该受到尊敬，那么明智的建议是，坚持那些我们生活在其中的社会体制。无论以理论或实践面来说，

1 米歇尔·蒙田（Michel de Montaigne，1533—1592），文艺复兴时期法国作家，以《随笔》（*Essais*）三卷留名后世。

这样的结论与同时期以及接下来几个世纪的传教士做法相同。天主教成为这些传教士唯一的信仰堡垒，使他们在面对与其信仰不兼容的习俗与信仰时，支持他们度过混乱与不安。

《猞猁的故事》是我倾注于美洲神话的第七本书（此外还有许多篇文章）。在四卷《神话学》（*Mythologique*）之后，它和《面具之道》（*La Voie des masques*）以及《嫉妒的制陶女》（*La potière jalouse*）构成三部曲。在这些书中，我试图让一支浩瀚的口述文学得到应有的地位。这些故事深埋于学术作品中，往往让读者难以一窥堂奥，长久被忽略。而这些故事的宏大、趣味和美感，丝毫不逊于希腊罗马文化、凯尔特世界、东方及远东文明。它也属于人类的文化遗产。如果我能在“美洲题材”（正如人们提到圣杯［Graal］系列作品时说“英国题材”一样）当中发现一块优越的场域，致使有朝一日可以厘清神话思维的运作，我只能再次对美洲印第安人的天才表达敬意。

《猞猁的故事》是对于两个世界接触的反思，也许能够使这方面的研究更为深入，进而追溯美洲印第安人二元论的哲学和伦理学思想的源头。乔治·杜梅泽尔[1]已在宗教活动和印欧

---

1 乔治·杜梅泽尔（Georges Dumézil，1898—1986），法国语言学家、文献学家、法兰西院士。他关于印欧民族社会与宗教的研究，为相关领域工作者开创了新视野。

神话方面，证明了一种三方鼎立的意识形态。在我看来，似乎有另一种二分式的意识形态存在于美洲印第安人的思想和体制内。但这个二元论不是静止的，根据它的表现方式，它一直处于不稳定的平衡。它从一种对他人的开放（ouverture à l'autre）中得到动力，表现出对白人的接纳；虽然后者对它的策略正好相反。

在即将庆祝发现新世界（虽然我倾向于称之为入侵）的五百周年之际，承认我们对它人民和价值观的野蛮破坏，将是我们表达忏悔和敬意的方式。

人类学家的首饰

Les bijoux de l'ethnologue

本文发表于 1991 年 5 月 21 日

出自 "Ma peche' ci mettano I gioielli ? ", *La Repubblica*, août 1991

我认为达西·温特沃斯·汤普森的著作《生长与形态》[1]是我们这个时代最伟大的智识里程碑之一。他在这本书的卷首放了一张微距摄影作品，拍摄在五万分之一秒的瞬间一滴牛奶滴落于奶水中的形态。飞溅的牛奶，其形状带着奇异的美感。一个完美的环形以撞击点为中心向外扩散，分裂成许多细锯齿状，每一个锯齿上都有一颗细小的珍珠状牛奶。

作者是一名生物学家。他想要通过此一影像证明，物理世界中复杂的形态稍纵即逝，以至于只有通过连续摄影可以捕捉和定格，这样的影像与记录腔肠动物的成长如此相似。也类似于记录水螅与水母的成长。书中充满了这类例子，印证了物理世界和生物世界遵循着相同的形态规律。这些规律则解释了某些可以用数学语言来表达的不变关系。

历史学家和人类学家受到汤普森著作卷首的启发，尝试

1 达西·温特沃斯·汤普森（D'Arcy Wentworth Thompson），《生长与形态》（*On Growth and Form*, Cambridge University Press, 1917），1952 年第 2 版。——原注

将之与其他范畴对照，他们拓展这位苏格兰生物学家的论点，将人类精神产物也含括在内。飞溅的牛奶准确地显示了一个物品的形象，我指的是一个冠状物，更明确地说，是一顶王冠。根据纹章艺术，王冠是一个广口状的环形金属，顶端分割成锯齿状，每个锯齿端都缀有一颗珍珠（实际上是 16 颗，而不是 24 颗飞溅物，这个数量可能与液体黏稠度有关）。在法国的贵族阶层中，伯爵、公爵和侯爵三者都拥有所谓的开口式冠冕，与末端延长成半圆、收拢在顶部的封闭式王冠（或皇冠）不同。封闭式类型的王冠最终也被弗朗索瓦一世（François I）采用，似乎是为了不输给英格兰的亨利八世（Henri VIII）以及查理五世（Charles Quint），因为他们也都选择了封闭式王冠。

如果物理世界提供了开口式冠冕最简单的形象（侯爵和公爵的冠冕较伯爵的更为复杂），那么也不难在当中发现封闭式王冠：至少通过实时摄影，我们便可以区分原子弹爆炸的各个阶段：原子云先上升，接着展开，再收合起来（这个模拟同样具有深意，在生物世界里，它往往让人联想到蘑菇）。

因此我们发现，王室或贵族冠冕，这个可以视为艺术上心血来潮之作的奇怪物品，在大自然里没有任何对等之物，却早于人们的认知，预示了物质最短暂的状态。更进一步的是，纹章符号的等级，直接反映了物理世界中各个状态的阶段，在不稳定的关系下，气态位于液态之上……但是直到 19 世纪晚期，连续摄影技术被发明，才使我们发现液体飞溅物预示了开口式冠冕，气体爆炸则预示了封闭式王冠。尽管设计、创造这些冠冕形式的人，可能因为缺乏适当的观察工具，无法掌握物理现象的形态，但他们皆在模仿物理现象，只是自己并不知道。

由此得出第一个结论：金饰、首饰、珠宝这些艺术品，是人类自由发挥想象力创作后的成品。但即使最疯狂的幻想都是人类心智的产物，是世界的一部分。在人类从外部来认识世界以前，是由自己的内在凝视世界的某些真实，同时相信自己所从事的都是纯粹的创造工作。

此外，更重要的是，这些冠冕表达了物质不稳定的状态，当时的摄影技术尚无法捕捉它们稍纵即逝的瞬间，但这些冠冕却表达出来，其上还覆盖着宝石。现在，巴黎正举办一场展览会，会中展示了留存至今的王室宝物，其中便包含了路易十五的加冕王冠[1]。这个王冠装饰有 282 颗钻石，64 颗彩色宝石：16 颗红宝石、16 颗蓝宝石、16 颗祖母绿、16 颗黄玉；再加上 230 颗珍珠（自 18 世纪始全部以复制品代替）。那个年代，人们尚不能意识到这表达了物质最不稳定的状态之一（因为是封闭式王冠），但在金、银、铁这些金属外加上宝石

1 “圣德尼之宝”（Le Trésor de Saint-Denis），在卢浮宫展出至 1991 年 6 月 17 日。——原注

（通常是王室或贵族的冠冕），却共同组合成物理世界中最稳定，甚至可说是不朽的形体。

不只是王冠的例子，在任何时候，创作珠宝艺术的主要目标不就是结合并组织物质可能有的各种极端条件？能够使我们惊艳并吸引我们目光的珠宝，正是那些成功结合了坚实与脆弱的作品。例如已经有三千年历史的乌尔（Ur）妇女所配戴的饰品，有着颤动的轻巧金叶子。而世界各处的金匠、珠宝艺师，总是在贵金属的托座中镶嵌着坚硬、几何形、不朽的石块，透过精细的做工表达形态的优美、短暂与脆弱。

*

让我们进一步推展问题。过去的人无法想象液体飞溅或气体爆炸的瞬间形态。但由于生命所承受的风险，或者只是因为自然法则的缘故，个体会因为能生存的时间有限而感受到不稳定的意象。每个人都诞生于许多他者之间，而每个生命都只有短暂的存在，这不就像微小的水花飞溅，或像是爆炸？人们在自己身体上装饰着坚硬不朽的素材，不受岁月侵害，试图克服稳定和不稳定之间的对立。以解剖学的角度而言，这份相对性变为软、硬之间的对立，而人类学家的调查则证明，在没有书写的民族中，这是人对身体最初的概念。

我接触巴西中部的博罗罗人（Bororo）已超过半世纪，在这组相对性中认知到他们对自然哲学的原则。对他们而言，生命蕴含着活力与严酷，死亡则使生命变得软弱无力。他们认为，无论人或动物的尸身，都可区分为两部分：一个部分是柔软易腐烂的肉，另一个部分则是不会腐败的部位，例如动物的齿、爪、喙，人类的骨头、项链、羽毛饰品等。有一则神话的主角“打开这些污秽之物，身体柔软的部位”，然后穿耳洞、鼻洞、唇洞，使这些部位象征性地被许多硬物取代，包括指甲、爪子、牙齿、獠牙、贝壳和植物纤维。这些都是装饰品的材料，而这么做的含义很清楚：装饰品将柔软化为坚硬，用以取代那些最终会被弃绝、预示了死亡的身体部位。严格来说，这些都是生命的赠予。

因此一开始，这些材料是稀罕还是常见并不重要，重要的是，它们坚硬耐久。不知有多少次，我看到丢失了鼻罩、耳环、唇钉的印第安人，并不是先去找回这些因材料或做工显得弥足珍贵的物品，而是仓促地先找一小块木板来代替……因为这些对象守护着身体的孔洞，而这些柔软部位的孔洞都是最脆弱的，可能被其他存在物侵入或受凶煞之气影响。在《圣经》里，亚拉姆语[1]用来指称耳环的字也有“神圣之物”的

1　亚拉姆语（araméen）是闪族的一种语言，与希伯来语和阿拉伯语相近。

含义。至于其他的身体部位，如手、脚，同样需要保护，因为它们是最常暴露在外的部位。

在加拿大，居住于太平洋沿岸的印第安人说没有耳洞的女人是“没有耳朵”的；如果她没有戴唇钉，则是“没有嘴巴”的。在巴西，某些印第安人也有相同的想法，但他们以一个更积极的方式来表达：据他们说，他们在下唇按照规定打开一个缺口，嵌入唇盘，使他们说的话具有威信。而镶嵌在他们耳垂的木盘，则能使他们理解他人的话语。

这样的观念，显示了珠宝和护身符之间并没有区别。欧洲所知最古老的饰品，来自距今三四千年的史前遗址：将动物牙齿穿孔，用线绳垂挂在喉部。晚一点则出现雕刻成马、牛或鹿头部形状的指环或颈环。这些东西介于 3 至 6 厘米之间，而这么小的尺寸无法具有实用功能。

更接近我们的时代，也就是好几个世纪以前，人们特别重视钻石，因为相信它能够保护人们不会中毒；还有红宝石，因为它能够使有害的瘴气不能靠近；蓝宝石有镇静作用；绿松石能提醒人远离危险；紫水晶——如同它的希腊文 améthustos 之意——能够醒酒。现在谁还记得这些？

而自人类发现黄金以来，无论古今，都将它视为典型的生命赐予者。它的光芒像太阳，它的物理和化学特性使它永不变质。黄金的无形价值没有人有异议。我前面提及的博罗罗人，住在一个盛产黄金的地区，有的地方甚至遍地都是。他们用来称呼它的字，大意是“硬化的阳光”，正好可以对应古埃及人信仰黄金，将之视为太阳明亮、不变质的本体。古代的印度诗人歌颂黄金，赞扬它像太阳在地面的对等物：“黄金是不朽的，太阳也是；黄金是圆的，因为太阳也是圆的。事实上，这块黄金圆盘就是太阳。”在 25 或 30 个世纪之后，偶尔也是诗人的卡尔·马克思，再次比较两者，并强调贵金属在美学上（而不仅仅是经济上）的优点：“就某种程度而言，它们是从地下世界萃取而得的凝固光线。白银反映了所有光线混合时的初貌，黄金则反映了最强大的颜色，红色。”[1] 这个由难以捉摸的光线，幻化成坚固金属的蜕变，又回到我们一开始所论的，稳定与不稳定的辩证对立。

在这方面，铜往往具有媲美黄金和白银的作用。无论被寻获时是块状或片状，黄金往往一眼就被识出：它是纯粹的，整个闪耀着光。当铜在自然状态被发掘时，它本身也像黄金一样适合锻造。已知最古老的黄金开采，是在公元前 5 世纪，现今保加利亚的黑海岸边。然而考古搜索时除了发现金制品外，也找到许多铜制品。公元前 5 世纪的北美地区，除了墨西哥之外，普遍对黄金一无所知，但制作了大量的铜器。居住在加

1　卡尔·马克思（Karl Marx），《政治经济学批判》（*Critique de l’économie politique*, ch. II, §iv）。——原注

拿大和阿拉斯加太平洋沿岸的印第安人，对铜器的偏爱一直持续到本世纪，他们对铜的想法，和古印度、古埃及人对于黄金的看法十分类似：太阳物质，超自然起源，生命和幸福之源，最珍贵的财富以及所有其他财富的象征。

这些信仰已经在我们的社会中消失了吗？关于黄金，当然没有，但是关于铜，的确可以这么认为，因为我们的社会将它贬作各种工业用途。然而有些时候，我们可以在杂志广告页里看到，一件铜制首饰四周围绕着如下文字："铜，内敛但充满能量，美丽、闪耀、光彩夺目、多用、温暖、丰富、独特。铜美化了我们。"太平洋沿岸印第安人的神话所表达的也就是如此。

这就是首饰吸引人类学家的原因，与它的价值和美丽无关。它在我们文化中占有一席之地，当中留存着（我称之为）"野性思维"，且令人惊讶地普及。当现代女性在耳朵挂上耳环时，她们以及我们都隐约知道，那意味着通过不朽的物质来强化终会消亡的身体。在生与死之间，首饰将柔软的部分转为坚实，完成中介的工作。此外，它们不也代代相传吗？如果它们能达成任务，结合自然界中最稳定的物质，以及像冠冕这样表达出不稳定性的形式，或是将它们的强硬与我们自身的脆弱合组在一起，那么每个人都能实现一个理想世界的微型寓言：在这个世界里，矛盾将不会存在。

艺术家的画像
Portraits d'artistes

本文发表于 1992 年 2 月 23 日

出自 "La statua che divenne madre" , *La Repubblica*, 23 février 1992

在北美洲平原的部落里，男人进行艺术创作时，会在野牛皮或其他东西上画上具象的场景或抽象装饰；而女人的艺术表达方式，则是用豪猪的刺进行刺绣。这项困难的技艺需要长年经验才能掌握。从动物身上取得长短硬度不一的刺之后，首先必须将它整平、软化并染色，接着折弯、打结、编织、交叠、缝合。它们的尖端可能会刺伤人，造成严重的伤口。

这些几何风格的、看似纯粹装饰性的刺绣，其实具有一种象征意义。刺绣的女人接收到信息，在思考其内容与形式后将它表现出来。获得信息的方式则是通过启示：梦见她必须做出的图案，或是显现在岩石上或悬崖边，或是对她展现已完成的样貌。这样的启示通常由一位双面神祇——艺术之母赐予。当她向某个女人启示一个新图案，其他女人会对它加以拷贝，它便成为部落的编目之一。但创作者本身仍是享有不同凡常的地位。

约一个世纪前，一名当地耆老说道："女人梦见双面女神之后，她所做的事无人能出其右。但这个女人的行为就像疯子，她的举动失常，还会不由自主地发笑。她接近的男人都会被附身。这是为什么她被称为双面女神。她们也会和任何人睡觉。但是在工艺上，没人能做得比她们更好。她们是伟大的豪猪刺绣编织师，因为她们变得非常灵巧，而且也做男人的工作。”[1]

这个对艺术家的描述令人惊异，且带有浪漫的意象。更晚之后，于本世纪中，伴随着在艺术与疯狂之间的各种关系，艺术家则留下一个被诅咒的诗人或画家的意象。就引申义而言，没有书写文字的社会，会以艺术来表达，只要予以转移，便会发现这些社会与我们的社会并没有那么不同——或者说我们与他们更为靠近了。

在加拿大西部的太平洋沿岸，画家和雕刻家形成一个与众不同的社会群体，他们被冠以一个共同名称，此名称意味着他们被神秘所围绕。事实上，无论男人、女人，甚至小孩，只要打扰到他们工作，立刻会被处死。在极度阶级化的社会当中，艺术家地位在贵族内世袭传承，不过具有才能的一般人也能进入艺术家的行列。无论哪一种情形，候选人都必须经历长期、严酷的启蒙仪式：由一位前辈将他的超自然力量投射到准备接替他的人选体内。后者被守护神夺占之后，便消

1 J. R. 沃克（J. R. Walker），《拉科塔信仰与仪式》（*Lakota Belief and Ritual*, Univ. of Nebraska Press, 1991, p. 165—166）。——原注

失在天际。但实际上，他是躲在树林里一段时日，然后带着被灌注的新力量现身。

在原始思维中，无论简单的面具或表现力强的面具都代表着不同的灵，只有雕刻家才有权利和天赋制作，因此它们是令人敬畏的实体。这个世纪初，一位识字的印第安人传述，某位被称为"滚烫话语"（Paroles-Bouillantes）的超自然守护神，他的面具"有着像狗一样的身体。部落头目并不将它戴在脸上或头上，因为面具有它自己的身体，人们非常敬畏害怕它。要发出它的声音极为困难，现在已经没有人会了。从前的人并不是以嘴吹它，而是用手指去压按口哨上的一个标记位置。关于这位神祇，人们只知它居住在山上一块岩石上。这个面具有一首专属歌谣，但被藏了起来，一般人完全不知道，只有大头目的孩子和邻近部落头目的孩子知道这首歌。滚烫话语的声音非常吓人，一般人听到都觉得恐怖，王子与公主们则很骄傲地被允许去碰触它。要得到展示它的权利，必须付出非常昂贵的代价"。[1]

艺术家们也会装饰房屋外观与活动隔间，雕刻（被误称的）"图腾"柱，以及制作仪式所需的器具。特别的是，在北美洲，他们还担负着构思、制作和操作剧场机关的使命，使

---

1 弗朗茨·博厄斯（Franz Boas），《钦西安神话》（*Tsimshian Mythology*, 31st Annual Report, Bureau of American Ethnology, 1916, p. 555）。——原注

宗教仪式隆重盛大。这样的表演可以在露天场所，或在许多家族共居一室并能够容纳众多宾客的大型木板屋中进行。

在 19 世纪，当地的一则故事提到，某次在进行一场表演时，房间中央的火炉突然被深处冒出的水淹没，仿佛《诸神的黄昏》[1] 结束时的场景。一头真实大小的鲸鱼浮出水面，甩着头从气孔中喷出水柱，之后便潜入水中，水也跟着消失。最后，火炉在已复原之处重新点燃[2]。

发明和制作这些珍贵机关的人，没有权利犯下错误。1895 年，弗朗茨·博厄斯[3] 出版一场仪式的记述，其中的剧情——若能这么形容的话——应该是一位曾经在深海里生活的男人，重新回到亲人身边。观众们聚集在崖边，看着一块岩石升起，裂成两半，男人从中走出来。操纵机关的人躲在树丛后，远远地用绳索控制装置。这样的操作接连两次都成功了，但到了第三次，绳索缠在一起，人工岩石没入水中，主角因而溺

---

1 《诸神的黄昏》(*Crépuscule des dieux*)，是理查德·瓦格纳（Wilhelm Richard Wagner，1813—1883）的歌剧作品。其德文标题“*Götterdämmerung*”译自古诺斯语词汇“Ragnarök”。后者是北欧神话预言中会造成世界燃烧、沉入水中但最终复苏的大战。

2 塞金（M. Seguin）编辑，《钦西安：过往映像，今日观点》(*The Tsimshian. Images of the Past; Views of the Present*, Vancouver, Univ. of British Columbia, p. 164)。——原注

3 弗朗茨·博厄斯（Franz Boas, 1858—1942），德裔美籍人类学家，现代人类学的先驱之一，人称“美国人类学之父”，他开创了人类学四大分支：体质人类学、语言学、考古学及文化人类学。

毙。他的家属不为所动地宣告，他选择留在海底深处，庆典也照原计划继续进行。然而宾客离开后，死者的亲属与这场灾难的负责人便把自己绑在一起，从悬崖上投入海中。[1]

据说也曾有过为了要呈现受启发者重返人间的场景，艺术家们用海豹皮建造了一条假鲸鱼，并通过绳索控制它游泳与下潜。为了逼真，他们想到在内部用烧烫的石头将水煮沸，让蒸汽从鲸鱼的气孔喷出。但一颗石块掉到旁边，烧破了外皮，鲸鱼于是沉没。筹划这场典礼和制作机关的人，知道他们会被守护仪式秘密的人处死，便都自杀了。[2]

以上的故事皆采录自钦西安印第安人（Indiens Tsimshian），他们居住在英属哥伦比亚沿岸。而他们对岸的邻居，住在夏洛特王后群岛（îiles de la reine Charlotte）的海达族人（Haida），曾经提及一个位于海底或森林深处，只有艺术家居住的神奇村落。因为曾经和这些艺术家接触，印第安人学会了绘画和雕刻。[3] 这些神话因此肯定了美术起源于超自然之说。然而，在前述几例的宗教庆典中，一切都是人工制造：从启示者宣称

---

1 弗朗茨·博厄斯，《纳斯河域的印第安人》（“The Nass River Indians”, *Report of the British Association for the Advancement of Science for 1895*, p. 580）。——原注

2 《钦西安：过往映像，今日观点》（*The Tsimshian* etc., l.c., p. 287—288）。——原注

3 斯旺顿（J. R. Swanton），《海达族文献》（*Haida Texts*, Memoirs of the American Museum of National History, XIV, 1908, p. 457—489）。——原注

（不过，也许就某种程度而言，他也相信？）被超自然守护神附身，而后让神灵脱离自己的身体，将神灵剧烈地丢掷在覆盖着毯子的新手身上，同时响起作为该神灵声音标志的哨音。接着制作用以显现神灵的活动面具及自动装置，以及前述的大型表演安排。

成功的表演能使人感受到美学，并以回顾的方式使人确信这场表演的超自然起源。我们甚至必须承认，在创作者和演出者的想法中，他们知道这一切都是他们的手法，因此人与超自然的关联，最多也只能是假设性的事实："尽管我们自己不断遭遇困难，但它仍然成功了，所以这是真的。"相反，一出失败的演出，会让整场伪装曝光，可能使人们不再相信人类世界和超自然世界间存在着关联。对这些阶级化的社会而言，贵族的权力、平民的服从和奴隶的苦役，都是从超自然范畴中获得依据来使社会秩序得以维持，因此，这个信念不可或缺。

我们不会把我们认为缺乏天分、无法提升我们心灵的艺术家处死（或许给予他经济及社会方面的死刑？），但不也总是在艺术和超自然之间建立起一种联系？例如我们乐于用"出神"（enthousiasme）这个词来形容面对伟大作品时的感受。从前人们会以"神性"形容拉斐尔的创作。而英文的美学词汇里，也有 out of this world（"超出这个世界"，不同凡响）的说法。就此而言，同样只要将那些让我们感到惊讶或冲击的信仰与做法，由原初的意义转化成引申的意义，那么就能意识到在信仰与实践方面，它们与我们有几分相似。

此外，在美洲的这个区域，艺术家的处境似乎有些悲惨——当然他们的社会地位甚高，但注定要行骗，并且一旦失败，就得被迫自杀或被处死。不过他们仍然给我们一个诗意且充满魅力的形象。紧邻钦西安族人而居的阿拉斯加特林吉特族（Tlingit），他们的神话中曾提及，夏洛特王后群岛有位深爱妻子的年轻酋长，尽管酋长之妻备受呵护，但仍然病倒不治，哀伤绝望的丈夫四处找寻能够重现亡妻外貌的雕刻家，可惜没有人能做到。而在同一个村落里，居住着一位非常杰出的雕刻家。有一天雕刻家遇见这位鳏夫，跟他说："你是不是遍寻不着能够制作你妻子容貌的雕刻家？从前你们一起散步时，我经常看见她。但因为没想过有一天你会想重现她的面容，所以没有仔细研究。不过，若是你允许，我可以试试。"

雕刻家于是买了一段柏木的树干开始工作。作品完成后，他让它穿上死者的衣物，请丈夫来看。丈夫欣喜若狂地带走雕像，并询问雕刻家应该给他多少酬劳。雕刻家回答："你想付多少就付多少，我这么做只是因为同情你的哀伤，所以不必给我太多。"年轻酋长最后还是给了他许多奴隶，以及各式各样的财宝。

这位艺术家如此负有盛名，以致连贵族都不敢有求于他；他认为在创作之前应先研究模特儿的表情；他不让人看他的工作过程；他的作品价值连城；并且偶尔也会展现人道和淡泊名利的一面。无论从前或是现代，这不就是众人认为伟大的画家或雕刻家应有的写照吗？我们也希望我们的艺术家都是如此。不过，让我们继续听听神话怎么说。

年轻酋长将雕像当成活人一般对待，甚至他还觉得它会动。所有来参观的人都赞叹它的神似。许久以后，当他检视雕像的身体时，发现它已经变得跟真人的身体完全一样（我们可以猜测之后的事）。事实上，雕像在不久后发出一个有如木头爆裂的声响，人们把它举起来察看，发现底下长出了一株小柏树。人们让小柏树长大繁衍，这就是夏洛特王后群岛上柏树如此美丽的原因。当人们找到一株漂亮的树木后会说："它就像酋长妻子的小婴儿。"至于那尊雕像，它几乎不动而且从来没有人听过它说话，但丈夫能通过梦境知道她说了什么。[1]

钦西安族人（特林吉特族人很赞赏他们的艺术才华，而且乐于委托他们制作艺术品）则以不同方式描述木头雕像的故事。这次是鳏夫自己雕刻死者的雕像。他把它当成真人般对

1 斯旺顿，《特林吉特族神话》（*Tlingit Myths and Texts*, Bulletin 39, Bureau of American Ethnology, 1909, p. 181—182）。——原注

待，自问答好像在与它对话。有一天，一对姐妹潜入他的小屋躲藏，她们看见这个男人亲吻、拥抱木头雕像，于是笑出声来。男人发现她们之后，邀请她们用餐。妹妹很节制地吃，姐姐却狼吞虎咽。不久后，姐姐在睡觉时腹泻，弄脏了自己。妹妹和男人则决定结婚，并交换誓言：他要烧掉雕像，并对姐姐的丑事保密；而她也不告诉任何人“他和木头雕像所做的事”。[1]

在这里，饮食过度（量）与性关系过度（质）的并置对照十分显著，因为两者都意味着沟通层次的过度：吃得过多，以及把雕像当真人一样交媾。这些行为在不同范畴上都是可以比较的。世界上的许多语言，在形容吃和交媾时，都使用同样的字汇（法语也是，尽管是以隐喻的方式）。然而，特林吉特族的神话和钦西安族的神话，并没有以相同的方式来处理这个主题。钦西安族神话谴责的是真人和木雕像的混淆。的确，这个雕像是出自业余而不是职业雕刻家之手，而且我们也看到，钦西安族的雕刻家与画家如何让他们的作品充满神秘色彩。让艺术具有生命，正是他们的天赋和职责。而艺术作品的创造，是为了要证实社会和超自然之间的联系，因此个人不被允许利用它来为自己谋利。在两姐妹所代表的公众意见看来，鳏夫的行为显然是丑行，至少是荒唐的。

1 弗朗茨·博厄斯，《钦西安神话》（1. c., p. 152—154）。——原注

关于艺术作品，特林吉特族的神话则提供了不同的见解。鳏夫的行为并未震惊舆论，人们接踵而至地到他家欣赏杰作。但在这则神话里，作品是出自一位伟大的艺术家，（尽管，或因此，）作品停顿在生命与艺术的中途：植物只能生长出植物，木头制的女人就只能生育出一棵树。特林吉特族的神话让艺术具有自主的主导权；作品自立于作者意图边或之外，一旦创作出来，作者就失去对它的掌控，作品将依它自己的天性发展。换言之，若想让艺术作品永存，就是孕育出其他艺术作品，让它们在同时代人眼中，显得比先前的作品更生动。

以数千年的标准来看，人类的热情含混难辨。时间的长流未曾增减人类感受到的爱与恨，他们的投入、奋斗与欲望。无论是往昔或今日，人类始终相同。任意地消去十个或二十个世纪的历史，也不影响我们对人性的认识。唯一无法弥补的损失是在这些世纪中诞生的艺术品。人类是因为他们的作品才有差异，甚至才得以存在。就如生育出小树的木头雕像，只有艺术品才能证实，在时间洪流里，人类当中确实发生过一些事。

蒙田与美洲
Montaigne et l'Amérique

本文发表于 1992 年 9 月 11 日

出自 "Come Montaigne scoprì l'America", *La Repubblica*, 11 septembre 1992

蒙田的逝世恰逢发现美洲一百周年，因此今年同时庆祝前者的四百周年和后者的五百周年，尽管两者间有一个世纪的差距，但此举仍充满了象征意义。因为没有人会比蒙田更能理解，新世界的发现将要给古代世界的哲学、政治和宗教思想带来怎么样的骚动。

在此之前，大众舆论，即使是学术界，似乎一点都未为这个戏剧性的消息所困扰，也就是，这些舆论仅能代表一半人类的看法。如同蒙田所言，人们所发现的是“一片无限广大的陆地”，“不仅只是一个岛屿或一个特定地区，而是一个幅员与我们所知陆地面积差不多宽广的大陆”。但这个发现并未带来启发性的想法，它只是证实了我们从《圣经》和希腊、拉丁作家那里知道的：遥远的国度如伊甸园、亚特兰蒂斯（Atlantide）、金苹果圣园（jardin des Hespérides）、幸运群岛（îles Fortunées），以及普林尼[1]描述过的那些奇怪人种，确实

1 普林尼（Pline，23—69），古罗马作家、博物学家，代表作为《自然史》（*Naturalis Historia*）。

存在于世上。与古代的异民族相较，新世界原住民的习俗并没有特别新奇，比较像是古代世界的见闻受到了佐证。16世纪开端时的欧洲意识因此受到鼓舞，重新返视自身。对那时的欧洲而言，发现美洲大陆并未揭示近代的开端，它只是再次合上了一个始于文艺复兴的章节。通过希腊文、拉丁文作品来认识古代世界，被认为比认识新世界更重要。

蒙田出生于1533年，并在稍晚开始他的思想历程。他蠢蠢欲动的好奇心驱使着他前往探索新世界。他有两大资源：西班牙编年史中记录了早期征服新大陆的历史，以及当时出版的法国旅行家在巴西海岸和印第安人一起生活的记述。他甚至认识这些身历其事的人，而且，就人们所知，他也曾经接触过由航海家带领于鲁昂（Rouen）登陆的几个野蛮人。

对比这些资料，蒙田意识到，墨西哥、秘鲁的伟大文明与那些美洲热带低洼地区卑微的文化截然不同（美国论者仍然持续如此划分）：前者拥有密集的人口，他们的政治组织、辉煌城市、精致艺术，比起我们毫不逊色；后者则是小规模的村庄，仅拥有初级产业，但它们以另一种方式使蒙田感到惊讶——他赞叹在这样的社会中生存与维持生活所需的“技巧和人与人之间的联结”竟然这么少。

这种反差使蒙田产生两个疑问。其中之一是巴西的野蛮人，或者像他所称的“我的食人族们”，引发的一个想法：社会生活的最低要求是什么？换句话说：社会关系的性质是什么？我们在《随笔》(*Essais*)的章节中可以找到答案。很清楚的是，当蒙田构思问题之时，已经奠定了霍布斯、洛克、卢梭将在17和18世纪建立的政治哲学的基础。卢梭在《社会契约论》中给出的答案，就像蒙田一开始的提问一样，来自对人类学的思考。卢梭在《论不平等的起源和基础》中的论述，也显示了蒙田和卢梭之间的关联。我们几乎可以说，蒙田思考的关于巴西印第安人的课题，通过卢梭，联结了法国大革命时期的政治学说。

阿兹特克人(Aztèques)和印加人(Incas)则带来另一个问题，因为他们的文明程度使他们远离了自然规律。也许他们已经与希腊人、罗马人并驾齐驱：类似的武器使他们可以不受西班牙“致胜器械”的侵袭，而这些器械——盔甲、冷兵器和火器则帮助他们战胜了这方面仍很落后的民族。蒙田因此发现，一个文明可能有内在的不一致性，而各个文明之间，则存在着外在的不一致性。

新世界提供了一些出人意料的例子，证明他们的习俗和我们的习俗过去或现在有其相似性。因为无知，我们并不知道美洲印第安人是否曾经移植了我们的习俗，或者相反。而在大西洋两岸，其他相异甚至互相矛盾的习俗，几乎都无法找到任何的自然基础。

要脱离这种逻辑的困窘，蒙田提出了两种解决方案。首先是回到理性判断，据此，所有的社会，无论过去或现在、远方或近处，都可以被归类为野蛮的，因为他们的不一致或偶然的一致性，只建立在风俗习惯上，没有任何其他基础。

但在另一方面，“每个人都将不符合自己习惯的事称为野蛮”。然而这些信仰或风俗无论多奇特、令人惊异，甚至是令人厌恶，也并非无法在其原有的社会背景下以被合理解释。因此，在第一种假设情况下，没有任何风俗习惯是有道理的；而在第二种假设中，所有的习惯都是合理的。

蒙田从而开启了哲学思想中的两种观点，直至今日哲学家们仍无法从这两种观点中抉择：一方面，启蒙时代的哲学批评历史上所有的社会形态，独尊理性社会为乌托邦；另一方面，相对主义弃绝所有绝对性的准则，认为某一文化无法评断与它不同的其他文化。

自蒙田以来，人们效法他的做法，总是不断寻找解决这个矛盾的出路。1992 年，当我们同时纪念《随笔》的作者之死和新大陆的发现之际，更重要的是，我们必须知道，美洲大陆的发现不仅在物质层面上提供我们饮食、工业、医疗上的产物，还彻底改变了我们的文明；而且，因为蒙田之故，它也滋养了我们思考的观念之源以及由蒙田发端的哲学问题。

对当代思想来说，蒙田的理论一点也没有失去敏锐度。但四个世纪以来，没有人能够比蒙田的《随笔》分析得更深入和透彻。

神话思维和科学思维

Pensée mythique et pensée scientifique

本文发表于 1993 年 2 月 7 日

出自 “L’ Ultimo degli Irochesi” , *La Repubblica*, 7 février 1993

在我们这个世纪中，科学知识的进展取得了两千年来前所未有的成就，然而却有个吊诡之处：科学愈进步，对科学的哲学反思就愈退却。17 世纪，由于洛克和笛卡尔的影响，哲学家们相信那些来自感官的知识都是虚假的。在我们所知觉的色彩、声音、气味的背后，只存在展延和运动。[1] 一个世纪以后，康德揭发了这个错误观念，他断定空间与时间也都是感官所感知的形式而已，是人类思想将其局限加诸世界；倘若人的理智试图超越自身的局限，便会抵触无解的矛盾。但这个限制，却也是我们的力量来源：我们所知觉的世界，就定义来说，必然服膺于我们的逻辑法则，因为它只是一个不可知的现实通过思想结构的反映而已。

然而自天文物理学与量子力学诞生以后，我们甚至必须放弃这个想法，因为新的科学使我们知道，我们的认知和思想运作法则并不兼容。我们将宇宙视为有历史的：从所谓的大爆

1　也就是说，人类所有的思想和观念都来自感官经验。

炸（Big Bang）开始。这样的想法让时间与空间有了现实性，但同时也迫使我们承认——倘若此说法不是极度矛盾的话——曾经有一段时间，时间还不存在；曾有一个起源状态的宇宙，它并不存在于空间中，因为空间是与它一同诞生的。

当天文物理学家向一般人，也就是我们所有人，解说宇宙的直径已知有百亿光年，银河系和其他周围星系是以每秒六百公里的速度移动，我们不得不坦白，这些话对我们来说几乎是无意义的，因为我们无法想象。

就无限小的范畴来说，我们得知，一个粒子甚至一个原子，能够同时在此处又在彼处，无所不在又不在任何地方。它有时表现得像一种波，有时又像一颗微小的粒子。对学者而言这些说法有意义，因为它们来自数学的计算，以及复杂到仅有专家能解释的实验结果。但是它们无法被转换成一般语言，因为它们破坏了逻辑推理的法则，尤其是同一性原则。

我们必须知道，那些长期以来从未被思考过的、数量级极大或极小的现象，就像最荒诞的神话结构一般违反常识。对非专家而言（对路人来说更是如此），物理学家以其方式所描述的世界，与我们远古祖先所构想的超自然世界几乎是对等的；当中的一切都异于寻常世界，有时更与之截然相反。为了想象这种超自然世界，远古人类以及（与我们距离更近些的）

还没有书写系统的人类便发明了神话。讽刺的是，他们同时也预示了今日的物理学家在试图对我们传达其研究成果以及从中得出的假设时所想象的寓言。

在此有一个有趣的例子，我们可以看看量子力学如何从微观视野所描述的现象被移植到宏观视野。一则塞内卡（Seneca）印第安人（易洛魁［Iroquois］联盟五族之一）的神话，包含了一段奇怪的情节。一名少女同意嫁给一位男子，她知道他是法力强大的女巫之子。她跟随这名男子回到女巫的村落，“丈夫是用头走路的，当他们来到一处分岔路口，分开的道路如同拉长的环在远处交会。太太惊讶地看见她的丈夫分裂成两个，这两个身体各自走在不同的小径。她吓傻了，不知道该走哪一条路。幸好她选择走右边的路（神话并没有提到，若她做了相反的选择会有什么后果），并且很快就看到两条小径再度相会，丈夫的两个身体也在交会处重新融合在一起。据说，这位奇异人物的名字就是由此而来，意味着‘它们是两条平行向前的道路’。”此故事以文法上的复数形式来指称一个单一个体。

易洛魁人构筑的世界，当然和一般经验的世界不同：在这个世界中，身体的运作，有时候像一股发散的波，有时候像是保有个体性的微粒。这段情节所属的神话内容太长太复杂，在此无法讨论细节，仅能点出其中的主要人物：当中有一对孪生兄弟，总是花时间在失去、找回、借取或交换他们的一颗或一对眼睛。无论是单眼或双眼，视觉仿佛代表着某种自然所赋予的运作模型，不管经由一个或两个管道运作，本质都是相同的。

这个关于一个人走向岔路时会分裂成两个人的故事，与物理学家所孕育的寓言惊人地相似：他们在科普书籍中试图让我们去设想，当一束粒子穿过屏幕的一个或两个裂口时，它们运动得有时像一道波动，有时则像微粒。

进行这个比较之时，我不想有任何的神秘主义论调，没有任何理由创造或是维持神话思维和科学思维之间的混淆。尽管就一般语言来说，它们都取材自相同的语汇，但就经验而言，一者可被证实有效，其他则不。“物质是由原子所构成”的想法，可上溯到久远的古代。但那是一种直观的假设，仍然无法由感官获得验证。只有应用在极为微小以致长久以来无法被认识的现象或事件上时，它才能获得有效性。对于波与微粒的二象性来说尤然。

在这两个例子中有趣的是，虽然略微粗略和模糊，但纯粹的智力玄想却能够对人类无法认识的现实领域提供一个预先想象。

两千五百年前，前苏格拉底学派展开的希腊哲学也提出了相同的思考。这些思想家其中一方肯定水构成了万物所源的原初现实，另一方认为是火，第三方说是空气。无论这个原初现实起源时是一个同质整体，或是（且一直是）由原子所构成，当这批哲学家思索着存在与未来、静止与变动等性质时，他们所探究的概念完全不涉及真实，他们只关心其智力体操能够推展到多远的境界。他们有系统地罗列各种心智推演的可能性。他们的哲学反思并非针对世界，而是致力于描绘心灵架构，拟定检核表，让日后的知识进展去填选某些项目，其他的则暂时或永远留下空白。他们的推演既无实验证明，亦无事实的试验，且尚未被研究纪律驯服，仅仅沉溺于自身的力量与其潜在性的发掘。

有个范例可以证明上述理论，是普鲁塔克[1]在其《席间闲谈》(*Propos de table*）中提到的一件轶事，当中的主角是著名的前苏格拉底学派哲学家之一。有一天，德谟克利特品尝无花果，觉得它有蜂蜜的味道，他问女仆这果实产自何处，女仆提到一处果园，德谟克利特便立刻要她带他前往，以便考察那个地方，发掘美味的秘密。女仆答道：“不必劳驾了，因为一时不察，我将这些无花果放在盛装过蜂蜜的瓶子里。”德谟克利特生气地说：“你说这些让我恼火。我原本想追随我的想法，研究原因，去看看那甜美是否来自无花果

1　普鲁塔克（Plutarque，46—125），罗马时代的希腊作家、历史学家、思想家。

本身。”

根据故事，德谟克利特可能习惯于大量的实际观察，因此，他的第一个举动就是往这个方向进行。但他无法抗拒思考带来的快感，就算那是错误且徒劳无功的。普鲁塔克指出，一旦出现了“值得申论的主体与材料”，其他都是次要的枝微末节了。

自从人类存在以来，“追随想法”始终是人类最常做的事之一，而且无处不是如此。这个练习给人带来满足，让人从中获得内在的兴味，而不会去问这个探索会有什么结果。事实上，思想的探索总是会带来一定的成果；即使人们要花上几世纪或若干年才会发现，那些看似天马行空的想法，反映的是真实世界中从未被揭发的层次。科学思想史——特别是数学史——证实了这一点。

同理可证，为何人们长久以来皆沉浸于神话：有系统的探索想象力并非无用。将神话中显得荒诞的创造物与事件放到没有固定衡量标准的原始思维时，它们就不再完全没有意义。并且，因为神话所提出来的世界意象被铭记在“属于世界”的思想结构当中（可以说是以虚线的方式），因此在日后的某一天，它们能显得契合于这个世界，并且可以被用来展现其面貌。

这么一来，我们就更能了解，为何量子力学先驱之一的尼尔斯·玻尔[1]曾请同时代的人参考人类学家与诗人，以便克服量子力学表面的矛盾。他在四十年前的一次人类学会议上表示，“不同的人类文化传统，在许多方面都类似于物理学描述的、不同却对等的方式”。只有同时运用波与微粒的意象，才能让我们了解同一物体的各种特性；正如人类学家们只有通过许多彼此矛盾且经常与自身冲突的信仰、习俗与体制，才能塑造出“文化”这个普世人类现象的观念。

另一方面，诗人们为了达到比一般经验更深刻的真理，会以一种原创、生造的方式使用语言：自许多不同角度来捕捉仍然无法被掌握的客体轮廓，并置意义不兼容的文字（老文法学家们称之为矛盾修辞法［oxymoron］）。我们可以再加上神话，因为每个神话都容许多元性的变异。这些变异，通过各式各样经常矛盾的意象，让人能够感知一个无法被直接描述的结构。

如此，科学思想以其最现代的形式让人认可，在语言中（可能自始便是如此），隐喻与模拟完全有权利存在。正如维

1 尼尔斯·玻尔（Niels Henrik David Bohr，1885—1962），丹麦物理学家，其“对原子结构以及从原子发射出的辐射的研究”，荣获 1922 年诺贝尔物理学奖，对 20 世纪物理学的发展影响深远。

柯反对将它们视为“作家巧妙的发明”[1]，人文科学与自然科学的平行发展，通往的是同一个方向。这也让人了解比喻是思想的一个根本模式，它让思想更接近真实，而不是使其分离。

早在18世纪，维柯已经揭示，“文法学家们有两个共同的错误，其一是认为散文家的语言是纯粹的，诗人的语言不纯粹；以及散文的语言先出现，之后才出现诗的语言。”对他而言，人类文明之初的真理，或许今日将再度成为真理。

---

1 詹巴蒂斯塔·维柯（Giambattista Vico），《新科学》第二册，由阿兰·庞斯（Alain Pons）译自意大利文（*La Science nouvelle*, 1744, Livre Deuxième, deuxième section, chapitre II, V, paragraphe 409, Paris, Fayard, 2001, p. 177）。维柯，《新科学，作品集第一册》（*La Scienza nuova* , 1744, *Opere,* tome 1, a cura di Andrea Battistini, Milan, Mondadori, I Meridiani, 1990），2001, p. 591。以下引文，见同一段落（paragraphe 409, Paris, Fayard, 2001, p. 591）。——原注

我们都是食人族
Nous sommes tous des cannibales

本文发表于 1993 年 10 月 10 日

出自 “Siamo tutti cannibali” , *La Repubblica*, 10 octobre 1993

直到1932年，新几内亚（Nouvelle-Guinée）内陆山区仍是地球上仅剩的、完全未被认识的区域，有天然屏障保护其外围。最早侵入当地的是淘金者，随后是传教士，但第二次世界大战打断了这些人的探求。直到1950年，人们才知道这片广大的土地上居住了近一百万人，他们说着同一语系的不同语言。这些居民完全不知白人世界的存在，将白人当成神祇或鬼怪。他们的习俗、信仰与社会组织，为人类学家揭开一个想象之外的研究场域。

然而，并非只有人类学家对他们感兴趣，1950年，一位美国生物学家卡尔顿·盖杜谢克（Carleton Gajdusek）在当地发现了一种未知的疾病。在大约250平方英里[1]的土地上，160个村落，为数不多的人口（约3.5万人）当中，平均每五人就有一人死于中枢神经系统衰败。这种病的症状为不自主颤抖（因此这疾病被称为库鲁症［Kuru］，在涉病的主要族群的语

1　一平方英里大约等于2589988.11平方米。

言中，kuru 是“颤抖”或“抽搐”的意思），自主运动能力逐渐下降，最后则出现各种感染症状。在相信此疾病有遗传性之后，盖杜谢克证实，它是由一种极具抵抗性且从未被分析出来的慢性病毒所引起。

这是首度在人类身上发现由慢性病毒所引起的退化性疾病，与动物疾病如羊的“颤抖症”（英文为 scrapie [羊患的痒病]），以及最近肆虐英国的疯牛病非常类似。此外，也类似一种罕见的神经系统退化性疾病——库贾氏症（maladie de Creutzfeldt-Jakob）。盖杜谢克指出，库贾氏症像库鲁症一样可以被接种在猴子身上，这证实了它与库鲁症是相同的（但仍然不排除遗传因素的可能）。因为此一发现，盖杜谢克在 1976 年获得了诺贝尔生理学或医学奖。

在库鲁症的例子上，遗传的假设和统计数据难以相符。女人和幼儿比成年男人更常患病，以致在疫情最严重的村落里，男女比例只有二或三比一，有些甚至达到四比一。因此，库鲁症也造成了社会学上的结果：一夫多妻的情况减少，单身男性以及有家庭负担的鳏夫比例增多，女性选择配偶时有更大的自由。

而倘若库鲁症是传染性疾病，就必须找出病毒的类型或类型群，以及它在年龄与性别上不正常分布的原因。但在研究食品供应以及女人、儿童生活居处的卫生条件（他们与丈夫或父亲们分开居住，男人们共居在集体住屋里，约会则在森林或花园进行）后，却无法找出原因。

人类学家进入这片区域后，提出了另一种假设。在被澳大利亚政府管辖之前，库鲁症的受害族群曾有食人行为，当时，他们以食用近亲的尸体来表达对亲人的感念与尊敬。他们烹煮人的肉、内脏、脑浆，用蔬菜搭配捣碎的骨头，而负责分解尸体和其他烹调工作的女人，特别需要品尝这些恐怖的餐点。因此可以假设，她们在处理遭到感染的脑浆时被传染，并且经由肢体接触，传染给了她们的孩子。

这一区域开始有食人行为的时期，似乎与库鲁症在当地出现的时间相同。而且，自从白人到来并阻止了食人行为后，库鲁症便逐渐减少，直到今日几乎完全消失。两者之间看似存有因果关系。然而，对此推论仍须谨慎以对，因为在进行相关调查时，这些食人行为似乎已消失。没有任何直接观察和实际经验能够让人断定问题已彻底解决。

*

然而，几个月以来，无论在法国、英国或澳大利亚，媒体都热衷于报道库贾氏症病例（如前述，与库鲁症相同），这些病例发生在注射了由人类脑垂体（大脑下方的一个小腺体）

萃取的荷尔蒙，或移植了来自人脑的黏膜后。前者是为了治疗幼儿的成长障碍，后者则是女性不孕症的治疗方式。在英国、新西兰与美国，已有多起患者因治疗不孕症后死亡的案例；其他的致死案例，则是最近在法国有儿童接受了萃取自人脑、疑似消毒不全的生长荷尔蒙。人们将它与曾经撼动法国舆论，牵涉范围更大的艾滋病病毒污染血液事件相提并论，并引发了多起官司。如此一来，由人类学家所提出且被医师与生物学家接受的假设，亦即库鲁症可能是因食人行为而起，在此得到显著证明：此两地发生的近似疾病都在孩童和女性之间传播，他们也曾经由不同的途径摄取人类的大脑物质。尽管一者并不能证实另一者，但两者之间存在着惊人的类似性。

人们或许会反对上述的比较，然而，将他人的一小部分物质，通过口腔、血液、消化或注射引入体内，与食人行为在本质上并无不同。有人会说，食人行为是因为对人肉有食欲才可怕的，但是他们应该把这样的谴责局限在某些极端案例上，并且从食人的定义中，排除已被证实是基于宗教义务的例子。在这些例子中，食人行为经常伴随着排斥感，甚至产生恶心、呕吐等反应。

试图界定一者是野蛮与迷信的行为，另一者却是科学知识上的实践，但这样的区分并不具说服力。在古代的药典中，许多药材取自人体物质，当时被视为科学，对现代的我们而言却是迷信。某些以往被认为有效的治疗，若干年后也会因为被发现无用甚至有害，而被现代医学排除。因此，此处的界线显然并不像人们想象得那么清晰。

然而，一般舆论仍持续将食人行为视为残酷可议之事，是人性无法想象的错乱，以至于某些受偏见影响的作者，甚至否认食人行为曾经存在。他们说，那是旅行家和人类学家的空想，证据是：在 19 和 20 世纪期间，尽管有来自世界各地的见证，但那些人从未在任何地方直接观察过食人的场景（在此不考虑某些例外，例如饥饿交迫的人为了维生不得不以已死亡的同伴为食；因为人们反对的是作为习俗与体制的食人行为）。

在一本引人注目但肤浅、广受非专家读者欢迎的书《食人神话》（*The Man-Eating Myth*, Oxford University Press, 1979）中，作者阿伦斯（W. Arens）便支持上述论点。假使如他所论，食人的史料是出自调查者和受访的原住民之间的共谋，皆是捏造的故事（第 111—112 页），那么就没有理由相信，食人行为是导致新几内亚库鲁症的原因。就像没有理由认为，欧洲的库贾氏症是经由食人的途径所传染。

然而如我们方才所见，正是因为后者（欧洲的库贾氏症）不可置疑的现实性，在没有证据的情况下，赋予了前者高度的可能性。

*

没有任何严谨的人类学家会质疑食人行为的真实性。然而所有人也都知道，不能将之简化为最粗野的原因，也就是杀掉敌人以便吃了他们。这个习俗确实曾经存在过，在此只举一个例子，16 世纪的巴西，曾有古代旅人以及葡萄牙耶稣会教士，详尽记述了食人习俗。他们与当地印第安人一起生活，并能使用他们的语言。

除了外族食人行为（exo-cannibalisme），还必须考虑同族食人行为（endo-cannibalisme）的重要性，也就是以生食、煮食或烧烤的方式，食用部分或极少新鲜、腐化或风干的死亡亲属的身体。在巴西以及委内瑞拉的偏远地区，雅诺玛玛（Yanomami）印第安人——他们遭到入侵的淘金者剥削——至今仍食用死去族人捣碎后的骨骸。

食人行为可以是食物性的（发生饥荒或为了品尝人肉的滋味），政治性的（为了惩罚罪犯或报复敌人），巫术性的（为了同化死者的美德，或反之，为了驱离死者的灵魂），仪式性的（宗教崇拜、举行亡灵或成年祭典，或为了确保农产丰饶）。最后，它也可以是疗愈性的，就像诸多古代医学处方所示（在欧洲，这甚至并非十分久远以前）。前述脑垂体的注射、大脑物质的移植，以及今日常见的器官移植，毫无疑问都属于最后这一类别。

因此，食人行为的类型如此不同，其真实或假想的功能如此多样，以致让人质疑能否精确定义我们目前所使用的食人概念。当人们试图去掌握它，它便随之瓦解或消散。食人本身并没有客观的现实性。它属于种族中心主义论（ethnocentrique）的范畴：它只存在于那些禁止它的社会眼光中。对相信生命是一体的佛教来说，任何肉类，无论从何而来，都是食人性的食物。反之，在非洲的美拉尼西亚，人们把人肉当成一般食物，甚至有时是最美味、最被推崇的一种，而且据他们说，这是唯一“具有名字”的食物。

那些否认世上存在食人行为的学者认为，捏造食人概念是为了加深野蛮与文明之间的鸿沟。由此可以看出，我们错误地将令人反感的习俗与信仰归于前者，以便让自己具有良好的自我意识，并肯定自我在信仰上的优越性。

让我们倒转这个趋势，并尝试去全面感受食人造成的一切结果。在不同的时空中，食人行为具有非常多样的形态与目的，但它始终是自愿将来自其他人类的身体部位或物质导入自己体内的行为。驱散食人的神秘色彩之后，这一概念就显得相当平常。卢梭认为，社会生活的起源在于我们能认同他人的感受。而最终，使他人认同自己最简单的方法，就是把他吃了。

最后一点，在遥远国度的旅行家，那么轻易地采信食人的存在，是因为他们认为，食人的概念以及此概念直接或间接的应用存在于所有社会。如同我方才所举的例子，比较美拉尼西亚人的习俗和我们自己社会的应用，几乎可以说，食人行为也存在我们的社会之中。

本文发表于 1994 年 6 月 21 日

出自 "L'italis è meglio disunita" , *La Repubblica*, 21 juin 1994

实证主义的奠基者奥古斯特·孔德（Auguste Comte），在他的思想系统中赋予意大利十分重要的地位；同时，也让科学以及哲学将其地位让给一个新创立的宗教。宗教能使文明依循事理法，朝向进步，因此从未在孔德的思想蓝图中缺席。他首先构想了组织教会的方式，赋予日耳曼国家继法国之后的优越地位；在这些日耳曼国家，新教和自由探究的精神鼓舞了理性思维的发展。人道教（Religion de l'Humanité）的大主教团将设置在巴黎，由八名法国人、七名英国人、六名德国人、五名意大利人、四名西班牙人所组成。五名意大利人分别代表皮埃蒙特、伦巴第、托斯卡纳、罗马邦联以及那不勒斯地区的国家。

他在《实证政治体系》（*Système de politique positive*）第一卷中提到这个计划。这本书出版于1851年，出版前一个月才写作完成（孔德总是在书写完后立即出版：他花费很长的时间思考，然后一鼓作气写下，不再重读）。在那之前，加富尔[1]才刚刚掌权。但从那时开始，孔德又宣布了另一项计划。在1854年出版的第四卷及最后一卷中，他解释，尽管新教有助于启蒙运动的诞生，但同时也会使这个运动停留在形而上思想的阶段。此外，就政治范畴而言，新教在本质上无法产生一种使得宗教臣服于世俗权力控制下的精神力量，正如我们看到的英格兰圣公会以及德国的新教邦联。

然而，在孔德的眼里，精神和世俗这两股权力的分离，是中世纪天主教的主要成就，而人道教的第一个任务将是恢复它。据此，那些完整地保存了"中世纪幸福道德文化"的西方人民，仍然能够免于受到新教影响，"精神上被一种自愿性聚合所联结"以重建世俗的独立国家。

在西方历史的演进上，德国和英国停驻于新教否定论阶段，在法国则由伏尔泰自然神论取代，但这些都不是必然的演变。意大利甚至西班牙都可以轻易地跨越它们，就像法国跨越了加尔文主义一样。为了弥补明显的延迟，法国南部的人民可以直接从天主教教义通往实证主义。因为摆脱了神学精神和信仰启示的人道教是一个新的"天主教"，就词源来说，有一种普世的神圣使命。

因此，国家之间的优先级改变了。法国仍然是中心民

1 卡米洛·加富尔（Camillo Benso Conte di Cavour，1810—1861），意大利统一运动的领导人物，也是后来成立的意大利王国的第一任首相。

族，但意大利排在第二，其次是西班牙，然后才是英国和德国。除了人道教的教皇外，每个国家皆由一位全国主教代表，加上三位（最初并未预期的）代表“西方殖民地区”的主教。

意大利之所以应该优先于西班牙，主要是因为它缺乏政治凝聚而导致军事弱势，使它保持纯净，不受殖民政策干扰，“意大利人民时常受到压迫，但从来都不是压迫者”。相反，伊比利亚半岛的人民则保留他们过去殖民时代的压迫措施，孔德忧虑它可能扰乱了西方世界的和谐。

缺乏政治上的凝聚，对意大利整体而言是有利的。孔德确信，尽管19世纪的意大利强烈地渴望国家统一，但并没有群众基础，仅是该地学者（今日我们所称的知识分子）的希望而已。而实证主义会将意大利从奥地利的桎梏中解放出来。但一旦如此，它将不会去倾听“人民的精神:（人们会）不断悼念古代的统治，甚至梦想全面回到过去”。孔德远在一个世纪之前就预见了未来可能的后果：在意大利和西班牙，民族情绪日益激化，在他生前已是如此；在法国，则展现在法国大革命后民族主义狂热而来的拿破仑专政。

在意大利，国家统一可能是一个倒退的吸力，比这个国家在当时的不自然整合更糟糕（不要忘了那是在1850年）：“特别是有复杂名称的统一国，显示了当中不乏异质性，尤其是北部聚合了五个互不兼容的邦联。”

*

事实上，孔德对于邦联怀有深刻的敌意。他认为它们是好战的古老政权的产物，在实证科学出现之前，这个政权“无法征服这个似乎既不可克服又无法理解的世界，当中每个部分的缔结都致力于驯服其他部分。”

新的宗教将在这些家庭和人道教之间，建立一个可以称为小共和国的中介机构。在孔德的构想中，虑及对地方多元性的尊重，小共和国是自由的、持续发展的联合组织，比起国家的范围小得多；而每个自发性的聚合，都是由农村人民围绕着一个具有优势地位的城市所组成。这是中世纪的普遍情形，而意大利比其他地方更知道如何保存这种制度。

法国将为其他国家树立榜样。它将自己瓦解，分成17个小共和国。整体来说，西欧将会有70个，整个世界则有500个，每个国家平均由30万个家庭组成，幅员约与托斯卡纳、西西里岛、撒丁岛相近。孔德是否在这里显示了他的先知?今日，我们能在欧洲和世界其他地方看到，少数群体对自身权益的要求所带来的压力以及排他主义的加剧，在某些情况下已经导致了邦联的解体。

孔德还表示，正是因为1850年左右的意大利还处于政治上分散的状态，才使它能更接近于人类社会的正常状态。前提是它愿意把智识和道德发展置于政治纷扰之前，那么它就可能比北方民族更好地直接从天主教过渡到实证主义，并且满足中世纪社会的所有条件。

孔德接着表示，这些条件主要是就其道德属性而言的，因此更多地属于情感而非理智领域。而意大利在感性和道德的领域上显露了出类拔萃的天赋。孔德赞扬它始终将艺术置于科学之前。他向“无与伦比的但丁”表达真正的敬意。毫无疑问，这么做的部分原因是私人的：他与克洛蒂尔德·德沃（Clotilde de Vaux）柏拉图式的爱情，在他眼中，就像是跨越许多世纪的但丁之于比阿特丽斯（Béatrice）、彼特拉克（Pétrarque）之于劳拉（Laure）的再版。在克洛蒂尔德英年早逝后，孔德依据她塑造了实证主义教派的圣母形象：“实证主义是通过许多女人，才进入了意大利和西班牙。”

孔德在1853年写道（可以追溯到1846年，克洛蒂尔德去世那年），七年来，他每天晚上读但丁的一首诗歌。人道教的教皇总部将设置在法国，其他邦联应放弃神圣遗体的所有权：“最好是以普世宗教的总部为荣。”原先停放在佛罗伦萨拉韦纳（Ravenne）的但丁灵柩，将被转送到巴黎。

为了让实证主义宗教可以扩展到全世界，必须制定一种共同语言，且必须立基于大众化的设计：那将不是一种人工语言，而是受到全体一致认可的现有语言。而由最爱好和平、最具美感的民族所塑造，培育和创作出最好的诗歌和音乐，纯净而未受殖民主义影响的意大利文，最能满足这样的要求。

因此，实证主义将使五个欧洲语言——法语、英语、德语、西班牙语、意大利语，在“最具音乐性的语言主导下”融合在一起。但丁和阿里奥斯托（Arioste）的语言表达了人道教的崇拜需求，将会是普世的语言。总之，倘若当初孔德实现了他的设想，在今日的国际会议中，我们就只会听到人们说意大利语，而不是美式英语……

因为共同语言的建立，意大利将对世界的新秩序做出贡献，而且只有意大利语可以补充人道主义的崇拜仪式。这个任务将被交给一位具有天赋，且已追随实证主义的意大利人，让他去谱写一首伟大史诗，颂扬西方革命的成果，“一如但丁无与伦比的创作曾树立了它的开端”。

这首《人道主义》（*Humanité*）诗歌，孔德表示自己没有能力书写，但仍通过他年轻时遭遇过“病变”的大脑中得到启发，并由此产生领先但丁作品的关键。但丁的作品，悠游于不同领域，具有一个静态特质：它表现了一种视野（vision）。相反，孔德以亲身经历（expérience vécue）为材料。在疯癫的时候，他与人类在历史长流中发展的方向反向而行，从实证主义退行到形而上学，再回到多神论，最后是拜物教阶段。在这历时三个月的滑降之后，他以五个月的时间逐渐登上斜坡。这种动态的相对性将决定诗的结构。整首诗中将包含十三首诗歌，其一是序曲，将大脑这个单位理想化，接着是三首描写自相对到绝对的精神低落，“始终向往完全的和谐，却从未能达到”。接着，由八首诗歌显示了内心和精神逐渐恢复至积极，第十三首则将恢复正常后的存在理想化。

通过这样的创作，在精神和社会两方面，意大利天才都将不辱使命，让实证主义宗教的诗意特质胜过其哲学性：“最具美感的民族”负责总结。

*

孔德在其思想中赋予了意大利及其艺术、语言卓越的地位，阐明了它最重要的面向。他构想一个分为三阶段的进程，将人类由神学状态引导至形而上学，最后达到实证主义。但在他的想法中，每个阶段都未废除前一阶段。每一阶段，特别是最后一个，在完成了决定性一步的同时，也接收和负载了前一段。

这是因为意大利——某种程度上西班牙也是——保留了古老的特征，为实证主义提供了一种它本身可能无法创造的、情感上的丰富性。孔德进而主张，一旦科学摆脱了一切神人同形同性论，人类思维肇始之初那些诗性的、审美的慰藉成分如今对科学已经构不成丝毫威胁，就可以重新整合进集体信仰和实践。

即便达到了实证主义，拜物教（今日称为“原始精神面貌”[la mentalité primitive]）也不会被人类背弃。相反，它可能让拜物教仍有一席之地，一如但丁，他在作品中并未使代表上帝的两个方式（承袭自异教的、天文现象影响下的中心所在，以及基督教中神的意旨）对立，反而调和了两者。

孔德在最后一部著作《主观综合》(*Synthèse Subjective*)仍没有忘记但丁。但临终前孔德只写作和发表了一册。在这部书里，也就是他思想的最后阶段，受到数学运算中质数象征意义的启发，他发表了同时适用于哲学和诗歌作品的规律：“自此以后，诗节和诗组包含七个诗句，它们的结构结合了意大利史诗特有的两种模式，通过韵脚的交织和韵文的连贯，结合了八度音程的和谐以及三行押韵的诗节的连续性。每一段诗节的第一句，永远和前一诗节的最后一句合韵（似乎更常是与倒数第二句），最后的同韵因此变成三个，和其他两者相同。”

在1854年，孔德觉得无法自己完成《人道主义》这首诗歌，而想提供材料给某个意大利天才，也就是新的但丁，那是因为他相信十二年后，他的哲学思想可能会被赋予一种诗的形式，甚至可以合并二者。《主观综合》的第一卷，有近八百页，看起来像是一个遵循着规则完成的宏大作品。每句最多有250个字母。全书共分七章，每一章由三个部分组成，每一部分有七个段落，每一段落又由七组诗句组成。在当中，诗句取代了一般句子成为基础元素，章节中又分为诗节，就像“最具美感的族群”曾经做过的。这里同样是引用但丁。

为了韵律上的和谐，孔德发明了一个令人难以置信的复杂谐音游戏。每个段落的铭言，都有一个从欧洲五大语言之一借来的词，再加上拉丁文，有时还加上希腊文。而这个拼写的词，根据顺序，成为每个句子的开头（而这个词本身也有其他词作为题词）。因此，整部作品建立在指针词、前缀的字母，以及声韵的对应组合上。这些以单一、二重、三重、四重甚至有时是五重藏头诗方式创作的诗文，在文艺复兴时期的诗人间曾经流行（孔德也将之与其对照）。

但是孔德似乎并没有看到，长达八百页、数万行、数十万字的篇幅，使这个表现方法失去了它的趣味。内容和形式之间再也没有联系。更确切地说，一本哲学著作的内容应该要将抽象观念归并在形式中。孔德隐约意识到这点，因此对圈内精英能达到的美学快感抱持保留态度，他写道：“如果这种快感能在彻底的实证主义者——也就是宗教实证主义者——之外的人身上很快被感受到，我将会觉得惊讶。对彻底的实证主义者而言，它结合了爱与秩序，使神圣的表达方式普遍且永久，以求进步。”

于此，我们可以说，时常作为先知者的孔德，这一次预见的却是一种错觉，日后在许多当代艺术家身上也常见同样的情形。无论是诗歌、绘画，特别是音乐，这个错觉让人相信，因为所有可以唤起审美情感的作品都有共同的结构，只要创造和实践了这个结构，就能由此产生美感。我们可以惊叹于孔德的聪明才智，但他也忽略了智力的发挥无法创造美感，如果它的出发点不是基于感受。

孔德对于意大利和但丁的赞赏并非完全没有保留。但丁的艺术，以及在他之后的文艺复兴画家的艺术，正逢中世纪天主教因封建秩序与将其普遍化的野心而即将丧失它的伟大：“艺术必须将信念和道德理想化，而它的衰落阻碍了诗人和公众面对美感必须存有的信念。”

孔德又说：“但丁的作品刻画了两股矛盾冲动之间的特殊竞争关系。这个反美学的情况在能够被理想化之前，一切都在转化，甚至变质。这个情况将迫使艺术开启通往追忆古代形式之途，从中寻找艺术在其周围无法获得的、稳定且分明的社会道德。”

带着这个对意大利文艺复兴起步阶段的精神的评断，一如既往，孔德证明了他强大的分析能力，也证明他是历史上一位伟大的哲学家。而他没有接受过任何艺术教育这点，或许可以解释他在面对当时大量丰富作品所感受到的不自在。孔德在当中看到某种病理现象，一种想要克服矛盾却徒劳无功的尝试。他写道，“意大利文化令人赞赏，但直至目前时常被视为太极端，并未找到它真正的归向。”

然而，令人怀疑的是，如果他使意大利归化为实证主义，然后赋予它的艺术“真正的归向”，他应该知道要如何正确呈现，而不是以字谜、韵文、叠韵等规律，组成奇怪的装置。虽说在孔德离世前，这个装置完成了他想象中的诗学资产。令人玩味的是，这种错觉，也使孔德成为古怪的前卫主义（avant-garde）的先驱。在他的世纪结束之前，前卫主义已经枝繁叶茂，并且持续到我们这个世纪；孔德反而没有被认为是但丁的继承者，尽管他觉得自己的天赋任务之一便是收集并传承但丁。然而，意大利不也产生了未来主义吗？

普桑画作主题的变奏

Variations sur le thème d'un tableau de Poussin

本文发表于 1994 年 12 月 29 日

出自 "Due miti e un incest" , *La Repubblica*, 29 décembre 1994

与普桑同时代的人，称其为“哲学家画家”。为了纪念他的四百岁冥诞，巴黎举办了一个史无前例的大展，展期一直到1月2日。这证实了直到今日，他的画作仍是我们的精神食粮。

我以《厄科和那喀索斯》（*Écho et Narcisse*，又名 *La Mort de Narcisse*［那喀索斯之死］）为例。画作的内容是一则古代神话，其中的诗意与象征寓意则让神话始终鲜活。“自恋的”（narcissique）与“自恋”（narcissisme）这些词语不也早已进入一般语言当中？

画作首先让人注意到的是它的构图。所有的线条均呈分散状。那喀索斯的双脚向右边展开，双臂交错伸展。另两位人物，精灵厄科和手执丧礼火炬的小天使，他们的身体分别向相反的方向倾斜。这个相对于垂直线的偏离，也延续到树木的枝干，占据了画作上半部的画面。通过视觉的传达，这些分散的方向表现了回音这个听觉现象[1]。回音在诞生之处由呼唤

1 神话中的主角之一名为“厄科”（Echo），与回音（echo）一词形音皆同。

或叫喊出发，逐渐离去直到消失在远方。就像波德莱尔最著名的十四行诗之一，画作暗示了感官信息之间的呼应，让此画充满了忧郁、怀念与哀伤。画作统一的色调更强调了这一点。

《利特雷法语字典》(*Littré*)在“回音”(Écho)此条目下，网罗了多位作者的引文。这十二则引文都带有怀念与柔美的特质。它们似乎认为回音的主要功能在于通过重复来提醒人们那些已不存在的话语或歌谣。和普桑一样皆生活在17世纪的菲勒蒂埃(Furetière)，在他的字典中仅列出唯一却不乏启示的例句：“不幸的情人们将他们的悲伤诉诸回音。”这个词在专业领域的用法里保留了此一调性。在音乐上，回音被定义为渐弱的重复，菲勒蒂埃的字典里写道：“管风琴上的回音非常悦耳。”而在诗学上，回音被用来制造一种刻意寻求的效果。

然而，西方思想对回音价值的正面评价——除了法国还有无数的例子——并非普世的。我可以举南、北美洲印第安人神话中的负面意涵为证。在神话里，回音是作恶多端的恶魔，并通过顽固地重复提问者的问题来把他们逼到极限。等到提问者生气了，回音就会出手，将他打到残疾为止，或者用满满一整篮的人类肠子将他捆绑起来。在其他的传说中，回音老婆婆拥有使人痉挛的能力，这也是一种使受害者瘫痪的方式。

回音偶尔也会帮助人。有一次，食人魔问它猎物逃跑的方向，回音没有指引它，只是不断重复他的问题来拖住他。因此，无论对手是谁，回音都能使他停下不动，或使他变得迟缓。在我们的文化里，回音与说话者保持默契，让他的感受得到共鸣；美洲的回音则截然不同，总是在阻碍和干扰。

这就是对立之处。对我们而言，回音唤醒的是怀念，但对美洲印第安人来说，它是造成误会的原因：人们等待一个回答，但回音不是。不过这两个词汇之间存在着一个矛盾。怀念是和自己沟通过度，人们因为记得该被遗忘之事而受苦；相反，误会则可被定义为与他人的沟通失败。

此一显得抽象的理论性论证，就像是波德莱尔担心将会受到指责的一种论证类型："因为或许不应该援自变量学方法。"[1] 然而它却忠实地反映出，无论古代或现今，回音起源神话所要传达的意义。

在希腊人和爱斯基摩人（他们自称为因纽特人［Inuit］，此后人们也如此称呼他们）的神话中，回音是一位被变成石头的少女。根据某个版本的希腊神话，她拒绝了牧神潘（Pan）的爱情，因为她深爱并怀念着那喀索斯，但后者因为

1　此段引文出自波德莱尔论法国诗人泰奥多尔·邦维尔（Théodore de Banville，1823—1891）的作品之文，他在其中引用数学式论证法来说明邦维尔诗作的特色。见波德莱尔的文学评论集《浪漫派的艺术》（*L'Art romantique*, p. 353）。

对爱情叛逆而回绝了她。而在因纽特神话里，对爱情和婚姻叛逆的是她自己，所以爱情和婚姻离她而去。悔恨万分的她躲藏在悬崖高处，对着她远远看到、在小艇上捕鱼的男人呼喊结婚的提议，但是男人们不相信她，或听不懂她说的话。通过故事接下来的发展，希腊神话中的主轴——怀念，在此反转成了误会，而且这个反转持续到最终：潘为了报复她，而让牧人们发疯，这位希腊精灵最后被牧人们肢解。因纽特神话的女主角，则是自己肢解自己，并让她的破碎身躯化为岩石。这两个故事里，女主角的命运相同，只是一者是自愿，另一者是被动地承受。

*

尽管如此，事情并非这么简单（当我们比较神话时，事情很少是简单的）。即使那喀索斯神话突显的是怀念的主题，但误会的主题并未因此不存在。让我们听听奥维德[1]在《变形记》（*Métamorphoses*）第三卷中，怎么讲述厄科和那喀索斯的故事：厄科疯狂地爱上那喀索斯，尾随他到森林深处。但她却无法先开口，因为她曾试图在朱庇特（Jupiter）风流猎艳时以叨

1 奥维德（Ovide），古罗马诗人，与贺拉斯、卡图卢斯和维吉尔齐名，代表作包括《变形记》、《爱的艺术》和《爱情三论》。

扰的谈笑让他分心，所以朱诺（Junon）处罚厄科，让她既无法先开口说话，也无法在别人对她说话时闭嘴，只能重复她所听见的话语中的最后几个字。

当那喀索斯和同伴走散时，他焦急地呼唤："有没有人听得见我？"厄科重复："……我。"于是那喀索斯说："过来！"而她也依样对他喊。因为无人现身，那喀索斯便惊慌地说："你为何躲着我？"厄科也以相同的话回他。被这个模仿他的声音给诱骗，那喀索斯接着说："让我们结合吧。"厄科也回道："……我们结合吧。"然后就奔向那喀索斯。后者一见到她便倒退几步，并大声喊叫："我宁愿死，如果要我屈从你的欲望。"厄科重复道："……我屈从你的欲望。"等等。

这完全是误会，但和美洲的神话相反，后者是把误会的责任归咎于厄科。因为在此，两人不但没有互相指责对方的误解，而且还想象他们是在对话。厄科相信那喀索斯的话是对她所说，那喀索斯则相信有人在应答。对两人来说，误会似乎不是误会。他们赋予误会一个积极的内容；在美洲的神话中，这个内容则始终是负面的。

此外，误会这个主题——这里与美洲一样是负面的内容——也存在于希腊神话中，只是它被从听觉的领域转移到了视觉的领域。那喀索斯将水中的倒影当成另外一个人，着迷于其美貌并且爱上他（而在这之前，无论男女他一概拒绝）。

一直到最后，他才发现那是他自己。得知自己的爱是不可能的之后，伤心欲绝的他最后也是死于一场误会。

最能够证明我们找到了希腊神话和美洲神话的共通点是，根据前者，那喀索斯死后，身体长出了以他为名的花朵"水仙花"[1]（在普桑的画中，花朵从他的头旁边长出来），希腊文为nárkissos，衍生自narkè，意思是"麻木"。而水仙花的此种力量，深受地狱神祇所喜爱。人们会为复仇三女神（Furies）献上水仙花冠和花环，因为人们相信她们能使其受害者瘫痪。经此，那喀索斯所陷入的视觉误会——若能这么说的话——与美洲神话中归咎于回音恶魔的听觉误会在此联结。因为在美洲的神话中，回音会借由让人痉挛和以肠子捆绑来使它的受害者瘫痪。

因此，若乱伦——它代表了婚姻交换关系的瘫痪——出现在我们的神话中，也就不足为奇。因为，以回音为例，它意味着在人们期待找到相异者之时，总是怪异地出现相同者。那喀索斯神话的另一个版本，提及他爱上了自己的双胞胎妹妹，在她死后，悲伤的那喀索斯看着水中自己的倒影，试图重见她的面容。美洲的神话则是将乱伦的欲望加诸在一个和回音相似的人物身上，它从不回应而只是复诵问题。这样的

---

1 水仙花（narcisse）与那喀索斯（Narcisse）二词，形音皆同。

行为受到人们的谴责，神话的结论便是乱伦此后就被禁止了。

若说希腊神话对于误会是通过视觉符号的方式表达，美洲的神话则是通过听觉符号。那么反向来说是否也能成立？在美洲，我们能否观察到，与希腊人对于听觉的想象相呼应的，对于回音的视觉意象？似乎只有生活在加拿大太平洋沿岸的印第安人曾形塑回音的形象。对他们来说，那是一个超自然神灵，戴着具有人类外貌的面具，并且拥有许多被称为熊、野狼、乌鸦、青蛙、鱼、海葵、岩石等的嘴巴，可以相互替换。舞者会将这些配件放在篮子里，挂于腰际，随着神话的进展悄悄地一一替换。

在此，回音的特征不再是会引起呆滞与瘫痪的单调重复。反之，这些众口面具，让人想到的是回音无尽的可塑性，以及它不断翻新的发声能力。不同版本的希腊神话，也都强调了这两个面向的对比。有时候，负罪的厄科只能重复她听见的最后几个字；另外一些时候则是无辜的厄科获得模仿所有声音的能力。美洲的面具就是此一能力的视觉呈现。

重要的是，一者的神话所强调的是语言，另一者强调的则是音乐。因为对希腊人而言，音乐的层次比话语更高，是用来和神祇沟通的工具。厄科太多话，滥用了语言，因此被限制在了语言的最小用途之中。反之，因为潘不仅欲求精灵厄科，而且也嫉妒她的音乐天赋，因此害她被肢解，并将她的肢体变成岩石。在这些岩石间，经由回音，她的歌声得以持续回荡。

对美洲人的一番巡礼，我们能够厘清神话的共同基础。它所展现的，是在其所有面向下，主导着普桑画作构图的分歧性，也就是回音此一物理现象的内在分歧：它似乎矛盾地既是愚蠢，又具有达成惊人成就的能力，也因此，回音引人好奇，吸引着那些漫步者与旅人。此外，那也是普桑画作中，精灵厄科和小使者各自倾向相反方向所要凸显的分歧。一者倒向岩石形成的大地，统一的单色调早已让它们混同在一起；另一者则是倾身朝向穿透整幅画作、唯一光亮的天空。这些对比通过构图和色调互补的方式，将精灵枯乏的怀念、那喀索斯致命的误会，以及回音的无能与万能，全部汇集在同一幅图像里。

本文发表于 1995 年 11 月 3 日

出自 “Quell' intenso profumo di donna” , *La Repubblica*, 3 novembre 1995

在上个世纪末甚至本世纪初，人类学家之间盛行一个理论，认为在人类社会初期，女人掌握了家庭与社会事务的大权。为了这个原始女权的预设，论者提出了许多证明：例如在史前艺术中，雕像主要都是女性，也经常出现女性象征的艺术品；在原史时代（protohistoire）的地中海盆地以及其他地方，“母神”被赋予崇高的地位；在今日看来所谓“原始”的民族中，姓氏与社会地位都是经由母亲传递给小孩；最后，在世界各地采集到的许多神话，经常有同样的主题：远古时代由女人支配男人，直到男人夺取了女人权力来源的圣物——通常是乐器，自此摆脱对女人的臣服。拥有与超自然沟通的这些工具后，男人就能够确立起他们的统治。

赋予神话一种历史的可信度，这是误以为它的主要功能在于解释现状为何如此，因而迫使它们去假设从前并非这样。总之，神话的推论方式，和上个世纪热衷演化论的思想家一样，他们竭尽脑汁，将在世界上观察到的制度与习俗排列进一个线性体系中。于是，我们认为自己拥有最复杂、最进步的文明，而所谓原始民族的制度，可能就是人类社会早期的模样。并且，因为西方世界是由父权所主导，所以他们主张野蛮民族应该曾经历母权的统治，或少数仍是如此。

人类学的观察却终结了此一错觉，而且有一度可以认为母权统治已经彻底消失了。论者们察觉到，在母权的统治下，一如父权统治，权威仍属于男人。唯一的差别在于，在某些例子中，权威的行使者在母权统治下是母亲的兄弟们，而在父权统治中则是她们的丈夫。

然而，在女性主义运动以及在美国称为性别研究（gender studies）——研究性别差异在社会中的角色——的影响下，许多母权取向的假设再次卷土重来，这次他们提出了一个非常不同而且野心更大的论证：人类与动物性的划分，以及人类社会的诞生，是通过从自然到文化这个决定性的转变而来。但若人无法指出这个转变的动力是来自人类的哪一种能力，它就成为待解之谜。我们已经知道，人类有两种突出的能力：制作工具与口头语言。现在则有人提出第三种，它在智力层面上远超过前两种能力，处于器质生命的最深层，因此被认为非常高等。若此理论被证实，文化的出现将不再神秘，而是根植于生理学当中。

根据一种传统的说法（但其重要性尚未可知），在所有的哺乳类动物中，只有人类能够在任何季节做爱。人类女性并没有一个或多个发情期。并且，在特别容易受孕、怀孕的阶段，她们也不会通过改变颜色以及散发气味向雄性示爱，在非发情期也不会拒绝雄性。

这个主要的差异，让我们看到从自然过渡到文化的可能性，甚至是必然性。

然而如何证明这个命题呢？这就让问题变复杂了。因为难以验证，我们只能让想象自由奔驰。

某些论者提及野生猩猩的习性。发情的母猩猩，会从公猩猩那里获得比其他母猩猩更多的动物类食物。将此结论草率地移植后，人们便讨论，在人类身上，当狩猎成为男性专属的工作时，那些显得随时都可亲近的女人就会从男人那里得到较多的猎物。她们吃得好，长得壮，也因此更具生育力，在自然选择中更具优势。此外，这还有另一个益处：通过隐匿排卵期，这些女人可迫使男性（在原始时代，他们活着只为了散播他们的基因）花更多时间在她们身上，而不只是单纯为了繁殖。如此，她们便可确保拥有长期的保护，因为随着演化过程，她们生下的小孩体型愈来愈大，成长愈趋迟缓，对保护的需求将愈来愈高。

部分的论调则与上述理论完全相反，因为女人不张扬（美国人称为 advertise）她们的发情期，使得丈夫对她们的监视变得更困难。这些丈夫未必总是最好的生育者，基于物种的利益，女人会增加让其他男性授精的机会。

如此，针对一夫一妻制这个现象，已经有两种完全颠倒的诠释：一者是一夫一妻制的关键；另一者则是对此制度所造成不便的补救措施。而在一份受到高度重视的法国科学期刊中（来自大西洋对岸的观念也影响了我们），我找到被严肃介绍却同样荒诞的第三种理论：发情期的消失是乱伦禁忌的起因。我们知道，乱伦在人类社会中几乎是普遍存在的，并且有着各种不同的形式。人们论定，发情期的消失，以及由此产生的随时可亲近性，将会使每个女人吸引过多的男人。若非通过禁止乱伦，将无法避免女人受到男人的觊觎（因为共同生活在一个家庭），而导致社会秩序和家庭的稳定性的破坏。

但这个理论并没有解释，在某些非常小型的社会中，乱伦禁忌要如何保护因为没有发情期而被非近亲的男人欲求的女人，这般“普遍化的性交易”（commerce sexuel généralisé）。特别是拥护该理论的人，似乎没有意识到，人们同样可能（更正确地说，同样不可能）主张完全相反的理论。

他们告诉我们，发情期的消失威胁到家庭关系的平静，因此必须树立乱伦禁忌来解决。但其他作者的论述正好相反，发情期的存在才是与社会生活不兼容的：当人类形成真正的社会时，危险紧接着出现，每个发情的女人都会吸引所有男人，社会秩序遭受破坏，因此发情期必须消失，社会才能存在。

最后这个理论至少建立在一个引人入胜的论证之上，也就是性的气味并没有完全消失。当不再是自然时，它们就能成为文化的，而这正是香水的起源。香水的化学结构仍然与费洛蒙非常类似，因为直到今日，动物仍是香水成分的来源之一。

这个理论开启了一条新的道路，某些人一拥而入，却又再次推翻其论据。新的理论不再强调发情期的完全消失，而是指出女人因为有比其他哺乳类更大量的月经，无法完全掩饰其发情期，并能借此示意男人她们正进入繁殖的阶段。那些不处于发情期的女人为了获得男人的青睐，便尝试在身上涂抹血液或模仿血液的红色颜料来欺骗男人，这便是化妆品的由来（在之前所述的香水起源之后）。

在这套剧本中，女人是精明的算计者；但另一套剧本却否认她们具有这样的天分，或者认为发情期对那些较愚笨、不知道自己排卵期的女人有利，因为她们将更有机会散播她们的基因。自然选择会偏好她们，而非较聪明的女人；后者因为知道交媾和怀孕的关系，会避免在发情期交媾，以避免妊娠的不便。

如此，随着理论制造者兴之所至，发情期的消失有时显得是好处，有时又是不便。某些人指出，它强化了婚姻，或如其他人所说，掩饰了一夫一妻制的生物学危机。它导致聚居的社会危险，或者予以避免。这些诠释相互否定，并且非常矛盾，让人如堕五里雾中。而当人们能在某些事上胡言乱语，那么根本不必指望他可以解释这件事。

在美国也是如此。一个世纪以来，人类学家愈来愈重视学科的谨慎与严肃精神。在见到他们的研究领域被这些生殖器谬论入侵，甚至淹没（特别是在大西洋对岸，人们急于否定先师们，在英国也已经开始；令人担心的是，不久后整个欧洲也将如此）后，他们怎能不感到悲哀？人们讨论这些新观点，仿佛是昨天才发生的；但假设它们确实发生过，也将上溯到数十万年或数百万年前。对于那样久远的过去，我们无法置评。因此，若要为发情期的消失找到一个意义，为它发明一个功能，以厘清我们所处的社会，人们便需要将时间移植到一个我们无法证实的时期，但又不能太过久远，才能让人们将它的假设投射到现代。

值得注意的是，在美国，这些关于发情期的理论，受到另一个也试图缩短时间的理论影响。根据此一理论，尼安德特人，也就是智人的先祖（并且他们曾经在同一时期生活达数千年之久），因为咽与喉的共生构造，他们无法拥有说话的能力。于是这一理论推断语言出现的时期距今不过约五万年。

在这些试图将复杂的智力活动建立在简单的器官演化论上的理论的背后，我们可以看到思想受到的自然主义与经验主义遮蔽。当缺乏资料来确立理论时，毫无例外地它们都去捏造。这种将信手拈来的论断，变相装扮成实证数据的倾向，让我们倒退到数个世纪以前。因为那正是人类学思想初期的特征。

或许尼安德特人的喉咙无法发出某些音素（phonème），但不代表他无法发出其他声音。而无论任何音素，同样都能表现意义上的差异。语言的起源并非与发音器官的构造有关，而是属于脑神经科学的领域。

然而，脑神经科学显示，语言可能在更远古的时候就已存在，远比数十万年前智人的出现更早。能人（Homo habilis，人类的远祖之一）的脑骨遗骸显示，其左半脑前额叶及所谓的布罗卡（Broca）区，也就是语言中心，早在两百多万年前就已经形成。而正如被赋予的名称所示，能人亦会制作简单工具。值得注意的是，主控右手的大脑中心与布罗卡区非常接近，且两者的发展相辅相成。虽然没有证据证明能人会说话，但他们已具有最早的语言能力。

相同的，就我们直接的祖先直立人（Homo erectus）来说，五十万年前他们就能对称地裁切石器，而这样的工作需要好几道工序。我们无法设想，没有教学，这些复杂的技术如何能够代代相传。

上述的例子，都推翻了远古时期没有概念性思想、口头语言、社会生活等理论，对于那个远古时期，我们无法构想出任何不会显得天真、愚蠢的假设。若认为发情期的消失是文化的起源，则必须承认，文化早在直立人甚至能人时期就已发生。但对于这些人种的生理状况，我们却什么都不清楚，除了以下事实：对人类的演化而言，真正重要的现象发生在大脑，而不是在子宫或咽喉。

因此，对于那些受到发情期小把戏吸引的人，人们能提出最不荒谬的假设，便是发情期的消失和语言的出现有直接关系。当女人能够用文字去表示她们的心情（即使选择以掩饰的语汇表达），她们就不再需要用生理的方法表示。这些古老的方法失去了它们最初的功能。没有用处之后，便伴随着它们肿胀、湿润、涨红与散发气味的器官，逐渐萎缩。因此是文化塑造了自然，而非相反。

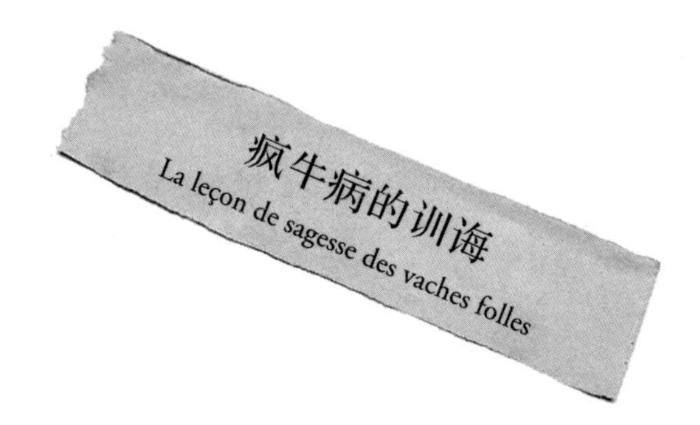

本文发表于 1996 年 11 月 24 日

出自 "La mucca è pazza e un po' cannibale", *La Repubblica*, novembre 1996

对美洲印第安人以及长期没有书写文字的民族来说，神话时期是人和动物并未真正分野，并且能够彼此沟通的时期。对他们而言，将历史的开端放在巴别塔上，也就是人类失去共同语言并且不再彼此了解之时，表达方式也成了一种特别狭隘的视野。根据他们的看法，原始和谐的消失发生在一个更广大的范围里，它不仅影响人类，也波及所有的生物。

直到今天，我们对于所有生命形式之间物我无分的原初一体性（solidarité première），仍有模糊意识。我们似乎认为，在婴儿刚出生时，没有什么比将这种感受烙印于他们的心灵中更为迫切。我们在他们周遭摆满了各种橡胶或绒毛制的动物玩偶；我们在他们眼前摊开的第一批图画书，也早在他们遇见这些动物之前，就先向他们展现了熊、大象、马、驴、狗、猫、公鸡、母鸡、老鼠、兔子等，仿佛必须从年幼的时候就让他们去怀念那些很快就会逝去的一体性。

因此，无论人类是否意识到，杀死生物用以进食都构成了一个哲学问题，并且所有的社会皆曾试图解决。《圣经·旧约》

将它作为失乐园的直接后果。在伊甸园中，亚当与夏娃原本食用水果和谷物（创世记 1: 29）。而自诺亚方舟之后，人类才变成肉食性（创世记 9: 3）。值得重视的是，人类和其他动物绝断之后，紧接着是巴别塔的故事，也就是人类的彼此分离；仿佛后者是前者的结果，或是其中的一例。

这个构想让肉食成为对素食的一种丰富化。相反，某些没有书写文化的民族则认为，那是一种稍微弱化的食人形式。他们将猎人（或渔夫）与其猎物之间的关系拟人化，以一种亲属的模式看待：两者是姻亲的关系，或甚至更直接，是配偶的关系（语言也促使了这个同化过程。世界上所有的语言，包括我们的语言当中的俗语，都将食用行为和交媾行为同化在一起）。如此，狩猎和渔猎就成为一种同族食人行为（endo-cannibalisme）。

而其他民族（有时上述那些民族亦然）则认为，在宇宙中，每一时刻存在的生命总数必须维持平衡。当猎人或渔夫取走了生命的一部分，就必须以他自己的寿命补偿回去，这是另一种将肉食看成食人形式的方式，只是自体食人行为（auto-cannibalisme）。根据这个构想，我们总是在食用自己，却以为是在食用他者。

大约三年前，疯牛病疫情初起时（尚未像今日那般受到重视），我曾在一篇文章中对《共和报》的读者解释（《我们都是食人族》，1993年10月），少数人罹患的疾病如新几内亚的库鲁症、欧洲出现的库贾氏症（因治疗生长障碍，注射了人脑萃取物所导致的结果）等，与一些实质上属于食人的行为有关，所以必须先扩充食人的定义，才能将它们全盘概括。目前我们得知，在许多欧洲国家，侵袭牛只（且对其食用者造成致命危险）的同类型疾病，传染途径是人类用来喂食牲畜的饲料，且这些饲料也取自牛只。因此，这个疾病的发生是因为人类将它们变成同类相食。这一模式在历史上并非没有先例，根据16世纪的文献记载，法国发生宗教战争时，巴黎人迫不得已只能食用从地下墓穴取出的人骨磨成粉末后制作的面包。

由上述内容我们可知，肉食和食人行为之间的关联，在思想上有非常深层的根源。它随着疯牛病疫情浮现，让人感到恐怖，因为除了担忧感染致命疾病，还加上同类相食的行为——在此是指牛只之间。我们维持肉食（因为从童年开始就受到影响），但同时，我们也致力于寻找替代肉品，因此肉品的消费令人惊讶地大量减少。不过，早在这些事件之前，我们当中有多少人能够在经过肉品摊贩前不会感到不舒服，还能够以前瞻性的眼光看待它？想到人类为了食用而圈养、屠宰生物，并且开心地把它们的肉一块块展示在橱窗里，必然会引起反感，就如同16、17世纪的旅行者对于美洲、大洋洲或非洲野人食用人肉的反感一样。

动物保护运动掀起的浪潮见证了这点。我们愈来愈清晰地感受到，我们的生活习惯让我们受困于其中的矛盾：介于诺亚方舟入口仍显示的物我一体性，以及造物者自己在出口处对它的否定之间。

*

在哲学家当中，孔德可能是最关注人与动物之间关系的一位。评论者们倾向于忽视孔德对此问题的讨论，而重视这位伟大天才离经叛道的思想。但孔德对动物的想法值得我们注意。

孔德将动物分为三类。在第一类中，他放入那些可能（以某种方式）对人类造成危险的动物，并且建议干脆将它们毁灭。

第二类则纳入了受人类保护、圈养，以便食用的动物：牛、猪、羊、禽鸟等。一千多年来，人类已经完全改变了它们，以至于我们甚至无法将它们称为动物。人们应将它们看成“营养实验室”，在当中制造的是我们生存所需的有机化合物。

若说孔德将这第二类别排除在动物范畴之外，他却将第三种类别纳入人类当中。它囊括了具社会性的物种，包含能够作为我们的同伴，甚至是得力助手的动物。“人们过于高估它们的心智能力”，它们当中有些是肉食性动物，像是猫、狗，而其他则因为是草食性动物，没有足够的心智能力让它们可以被利用。于是孔德呼吁把它们变成肉食动物。这在他眼中一点也不是不可能的事。因为在挪威，当牧草欠收时，人们就是以鱼干喂养牲畜。如此，能够将某些草食性动物提升到最完美的程度。借由新的饮食，让它们变得更主动、聪明，更能够为它们的主人牺牲奉献，行为上也更加服从。人们就可以将大部分看顾能源与照看机器的工作托付给它们，以便自己有空闲去做其他的事。当然孔德也知道，这是乌托邦，但这并没有比转变金属的性质（现代化学的起源）更为乌托邦的事了。把转化的观念应用在动物上，只是把物质范畴的乌托邦扩展到生命范畴而已。

尽管已经有一个半世纪那么久，这些观点就许多方面而言，仍有如预言一般；但就其他方面而言，却又具有一种背谬的特质。人类的确直接或间接地造成了无数物种的灭绝，并且其他物种也在人类的作为下受到严重的威胁，例如熊、野狼、老虎、犀牛、大象、鲸鱼等，还要再加上因人类对自然环境的破坏而日渐稀少的昆虫，以及其他无脊椎生物。

而在另一个孔德也料想不到的点上，这个关于动物的观点——被人类当成食物，且毫不留情地归纳为营养实验室的处境——也具有预言的性质。牛、猪与鸡的格笼饲养就是最恐怖的例子。就连欧洲各国的议会最近也被它弄得心神不宁。

最后，孔德构想中的第三类动物，也就是成为人类合作伙伴的观点，也是一个预言。正如有愈来愈多不同类型的任务被交付给工作犬（maîtres-chiens），受过特殊训练的猴子被用来协助重度残障人士，以及海豚带给人们的期待等。

此外，将草食性动物转变成肉食性，这也是预言。疯牛病的悲剧验证了这一点。但就此例而言，过程并非如孔德所预想。这个将草食性动物变成肉食性的转变，并非那样创新。人们主张，反刍类动物并不是真的草食性，因为它们主要食用的是微生物，而这些微生物则食用在胃里发酵的植物。

值得注意的是，这种转变行为并不是为了产生人类的得力助手，而是为了让它们成为营养实验室的动物。这种做法是致命的错误，孔德自己也曾予以警告。他说:“过度的动物性将对它们有害。”而且，不仅对它们，对我们也有害：难道不是因为赋予它们过度的动物性（肇因于我们不仅把它们变成肉食性，甚至变成是同类相食），所以才让我们的“营养实验室”变成死亡实验室（当然并非出于有意）？

*

疯牛病的疫情尚未蔓延到所有国家，我想，截至目前意大利尚未受到波及，或许人们将很快遗忘它。或是如英国学者们所预言，人们发明了疫苗或疗法，或者建立了严格的健康政策，确保送往屠宰场的牲畜健康后，疫情会自行消逝。但其他的发展同样可能。

和一般的成见相反，人们担心疾病可能跨越物种，一旦侵袭到所有被我们食用的动物，疾病便会长期停驻，成为因工业文明而产生的病痛之一。这些病痛对于所有生存者的威胁日益严重。

我们早就只能呼吸受到污染的空气。而同样遭到污染的水，也不再是人们以为永不枯竭的资源，无论农业用水或民生用水都得锱铢必较。自从艾滋病出现以来，性关系也带着致命的危险。所有这些现象都动摇了人类的生存条件。这宣告了一个新时代的到来，而紧接着还会发生另一个致命危机，就是以肉为主的饮食习惯在日后所呈现的危险。

此外，这也不是迫使人类远离肉食的唯一原因。一个世纪内，全球人口可能增长一倍，牲畜以及其他圈养的动物，将成为人类可怕的竞争者。据估计，美国生产的谷类作物中有三分之二用于喂养它们。而且，不要忘了，这些动物以肉品的形式提供给人类的卡路里，比它们一生所消耗的卡路里而言少了许多（据说就鸡而言是五分之一）。不断成长的人口，很快就会需要目前生产的全部粮食才能生存，一点也无法留给牲畜或家禽。因此，所有人类的饮食习惯都必须变得像印度人或中国人一样，肉品只占日常所需的蛋白质跟卡路里的一小部分，甚至必须完全放弃肉品。因为当人口增长后，可耕种的土地面积因贫瘠化与都市化而减少，碳氢化合物蕴藏量会降低，水资源也会短缺。相反，专家估计，若人类全部变成素食，今天的耕种面积将可养活两倍的人口。

值得重视的是，在西方社会中，肉品消费倾向自发性地减少，仿佛社会开始改变饮食习惯。就此而言，疯牛病的疫情让消费者远离肉品，只不过是加速了这个过程。它只是在当中加入一个神秘因素，来自人类因为违逆自然法则而产生的感受。

农学家们努力想增加食用植物所含的蛋白质含量，化学家们则致力于合成蛋白质的工业量产。但我们可以担保，即使海绵状脑病变（疯牛病与其他相关疾病）成为持续存在，人们对肉品的需求并不会因此消失。它充满稀罕、珍贵且危险的特质（与日本人食用河豚类似，据说它极其美味，但若内脏未清理干净就会致命），使它在非常特别的场合才会出现于菜单上。人们将伴随着虔诚的景仰并伴着焦虑去食用，正如古代的旅行者所述，弥漫在食人餐宴间的氛围一样。这两者都意味着与祖先的交流，而且冒着生命危险食入曾经或已变成是敌人的生存者身上的危险物质。

因不再有利可图，畜牧业将完全消失，在高档百货买到的肉品，只能来自狩猎。人类以往的家畜被放生、自生自灭后，将在已经野蛮化的乡间成为猎物。

因此，我们无法肯定地说，这个宣称自己是世界性的文明将会使全球趋于一致。正如目前所见，原本较平均分散的人口，聚集在规模有如省份一般的大城市之后，将空出其他的空间。完全被居民荒废后的空间，将退回到古代的情景，各种最为怪异的生命将到处存在。人类的演化并非走向单调化，而是强调差异，甚至创造出新的差异，从而再被多元性主宰。断绝数千年来的习惯，或许是有天我们可以从疯牛病身上学到的训诲。

本文发表于 1997 年 12 月 24 日

出自 "Quei parenti cosi arcaici" , *La Repubblica*, 24 décembre 1997

现代物理学和化学在工业或军事上的应用，使我们对于质量或临界温度的概念都很熟悉。物质在一般状况下隐而未现的性质，会表现在某些界限之内或之外；临界的概念即和这些界限有关。在跨越这些界限之前，我们可能以为物质不存在，甚至无法想象。

人类社会也有自己的临界点，当它们的存在被严重干扰时，就会面临这个临界点，蛰伏于它们深处的隐藏属性会忽然出现：可能是一个被认为已经灭绝的古老国家的残迹；可能是一个潜藏许久，被深埋在社会结构中而不明显的属性。一般来说，两者往往会一起出现。

这是几个月前，我在报章上读到斯宾塞伯爵（comte Spencer）在他姐姐戴安娜王妃的葬礼演说时想到的事。他的谈话，以最意想不到的方式，使母舅这个角色重新复活。我们可能以为，就社会的现况而言，这不过是众多血缘关系之一，并不具有特别意义。但在过去的社会，甚至现在的许多异国社会中，母舅曾是，也仍然是家庭和社会结构里的重要组成部分。人们必须承认，许多事都是注定的巧合：斯宾塞伯爵居住在南非；而拉德克利夫－布朗（Radcliffe-Brown）于1924年发表在《南非科学期刊》（*South African Journal of Science*）的文章《母舅在南非》，揭示了母舅这个角色的重要性，并成为试图了解它可能意义的先驱者之一。

斯宾塞伯爵将他姐姐的不幸归因于她的前夫以及整个王室家族。他首先承担起人类学者口中的“女性献者”（donneur de femme）的身份。女性献者保留可以探视他的姐妹或女儿的权利，并在他或她认为受虐时可以介入。但是，更重要的是，斯宾塞伯爵表明了和他的外甥，也就是他姐姐的儿子之间，存在一种特殊的联结，让他有权利也有责任，保护他们对抗他们的父亲和他的血统。

现代社会并未赋予母舅这种结构性角色以权利，但它在中世纪是受到承认的，在古代或许也是。母舅在希腊文写作theîos，“神圣的亲戚”之意（意大利文、西班牙文以及葡萄牙文中的zio和tio便是源自于此），这就表示了母舅在家庭众多成员中具有一个特殊地位。这个位置在中世纪时非常重要，因为大多数史诗的情节，都围绕在母舅和他外甥之间的关系。罗兰（Roland）是查理曼大帝（Charlemagne）的外甥，就像维维安（Vivien）之于奥朗日的纪尧姆（Guillaume d'Orange），戈蒂埃（Gautier）之于拉乌尔·德康布雷（Raoul de Cambrai），珀西瓦尔（Perceval）之于圣杯国王（roi du Graal），高文（Gauvain）之于亚瑟王（roi Arthur），特里斯坦（Tristan）之于马克王（roi Mark），盖维尔（Gamwell）之于罗宾汉（Robin Hood）……这张列表可以一直扩展下去。这种亲戚关系造就了坚强的联结，使得其他人都被掩盖了：《罗兰之歌》（*La Chanson de Roland*）中甚至没有提到主角的父亲。

母舅和外甥互相援助。外甥从舅舅那里收到礼物：由他帮外甥武装成为骑士，必要时，给他一位妻子。在一首史诗《进入西班牙》（*L'Entrée en Espagne*）中，可以看见这种情感强度。当面对罗兰离开他加入战斗时，查理曼大帝悲叹着："如果我失去你 / 我将独自一人 / 像个可怜的老妇失去了丈夫。"

*

舅甥之间的关系，在意大利和西班牙的史诗中，似乎没有像在法兰西和日耳曼史诗中那么明显。也许是因为法兰西和日耳曼所处的体制框架——用英文表示就是源自日耳曼的 fosterage（寄养）——较为庞大。寄养的习俗，在爱尔兰和苏格兰地区被严格遵守：贵族血统的孩子被托付给另一个家庭，由后者来养育和负责他们的教育。因此，与这个家庭的人精神和感情上的联系，比起他们与原生家庭的联系更强大。这种风俗也存在于欧洲大陆，至少以所谓“母舅寄养”（fosterage de l’oncle）的形式存在。贵族的孩子被托付给母亲那一方的家庭，以母亲的兄弟为主要代表。在舅舅家，孩子占据一个日后将保留给他的、“受喂养”的位置（这个词在古法文里有更广泛的意义，不仅仅是在供给食物方面）。

我们已经看到，这些风俗证明了母亲和母系的权利在过去占有主导地位。然而在古代欧洲，没有任何证据可以证实这件事。相反，我们现在了解，这是父系血统的许多影响之一：正是因为父亲掌握了家庭权威，母舅，真正的“男性母亲”，执掌了相反的任务；而在母系社会中，母舅拥有家庭权威，所以受到外甥的敬畏和服从。因此，面对舅舅的态度与面对父亲的态度之间，存在一种关联。在父亲和儿子关系亲密的社会中，舅舅和外甥的关系是严格的，而当父亲是以掌握家庭权威的严厉监护人姿态出现时，舅舅就被视为是慈爱和自由的。

世界各地难以计数的社会，或直接由男人传接，也就是由父亲传给儿子，或通过女人的中介（由舅舅到外甥的联系），表现了不同方式的家系传承。在这两种情况下，舅舅与他的姐妹、他姐妹的丈夫以及这两人所生的孩子，组合为一个四方联结系统。而这个系统，以可以设想到最经济的方式，结合了就亲属结构而言必要的三种家庭关系形态：也就是血亲关系、姻亲关系、亲子关系。换句话说，就是兄妹之间的关系、丈夫与妻子的关系、父母与子女的关系。

因为现代社会的复杂性，使得这种结构变得不那么明显。斯宾塞伯爵以他的谈话让它再次成为当前议题。他以无可挑剔的方式，定义了四方联结的家庭关系。他说，他的姐姐和他自童年时期就很亲近："我们俩，家庭中最年幼的，总是在一起消磨时间。"相反，王妃与她的丈夫，以及丈夫家族的关系，留下的是"焦虑……眼泪、绝望"的痕迹。一如兄弟姐妹之间的相对关系，以及夫妻之间的相对关系，在伯爵的谈话中，有一种舅舅和外甥的相对关系存在，舅舅致力于提供后者一个更令人愉快的教育……我们看到两种截然不同类型的关系，一种是正向的，另一种是负面的，两者形成结构中的对称。这种结构可被视为亲属关系中的原子，因为无法设想出比它更简单的关系（但有更复杂的关系存在）。

*

与我们长久以来所认为的相反，家庭的基础其实不在于血亲关系，因为乱伦是被禁止的（虽然它以许多不同形式存在）。但一个男人，若没有另一名男子出让他的女儿或姐妹，就不能获得女人。因此，没有必要解释舅舅如何出现在亲属结构中。他不仅是出现，他是亲属结构的构成条件，随结构存在。

在两个或三个世纪之前，这种结构仍依稀可辨。但随着人口、社会、经济、政治和伴随的工业革命——有时是因，有时是果——的影响，它逐渐瓦解。与没有书写文字的社会情况不同，在我们的社会中，亲属关系的联系不再具有调节整个社会关系的作用，社会关系的整体协调取决于其他因素。

戴安娜王妃之死，在世界各地引起了强烈的情绪，主要是由于这个悲剧人物融合了许多民俗题材（国王的儿子娶了一位牧羊女，邪恶的继母）以及宗教主题（有罪人之死，她的牺牲承担了新信徒的罪）。我们因而更能清楚理解，这个悲剧重现了古老的结构：尽管母舅没有任何法律上甚至风俗上的依据，但母舅因此能够重申过去在我们的社会中，以及在其他社会中仍可能属于他的角色。“我们通过血缘，都是你的家人，”斯宾塞伯爵的宣告，仿佛他对其外甥有道德权利，“我承诺保护与她命运相似的孩子，（以确保）他们受到温柔且富有想象力的教养。”我们凭什么认为，他没有恢复一种以往在人类社会中占有优势的亲属结构？并没有使这个被认为已经消失的结构，重新回到众人意识中？

*

一位曾在法国求学的年轻中国人类学家，不久前带来了关于某些异国社会赋予母舅显著地位的新资料。在中国喜马拉雅山脉边境，有个在13世纪时就引起了马可·波罗好奇的种族，它在各方面都具有令人印象深刻的家庭和社会体系。在那里，“家庭”与我们对家庭的习惯和认知大不相同，是由一个兄弟、一个姐妹和姐妹的孩子们组成。这些孩子只属于母亲这一方的家系，是女人与任何没有亲属关系的男人产生性关系之后所生的孩子（乱伦禁令也适用于此，一如在他处）。这样的结合关系有时相对持久，但通常只是短暂的一夜情。当夜幕降临，男人们便努力去探访女人，女人不限次数地接受男人的到来。因此，一个孩子出生后，无从得知这些随机情人中哪一个是父亲，事实上人们也不关心。亲属关系的列表中，没有一个词可以符合“父亲”或“丈夫”之意。[1]

这份观察报告的作者，有些天真地认为发现了一个独特案例，推翻从前关于家庭、亲属关系和婚姻的既定想法。这当中犯了一个双重错误。纳人（Na）也许是一个极端的情况，

---

1 蔡华（Cai Hua），《一个无父无夫的社会——中国的纳人》（*Une société sans père ni mari. Les* Na *de Chine*），Paris: Presses universitaires de France, 1997。——原注

但它代表的是一个人们（从其他例子中）认识已久的体系，特别是在尼泊尔、印度南部和非洲。而且这些例子并没有破坏既定想法，它们所显示的家庭结构，只是提供一个与我们的体制相反、对称的意象。

这些社会抹灭了丈夫这一种类，一如我们自己抹除了母舅（在法文的亲属命名法中，没有独特的字来称呼此一类别）。当然，并非仅是我们当中的某个家族的母舅无法发挥作用，而是母舅在整个体系中并未预先占有一席之地。因此，一个家庭中没有丈夫这个角色，一点也不会令人感到惊讶；总之，不会比一个没有预先考虑到舅舅这个角色的家庭来得更令人惊讶。而对此我们却显得很自然。没有人会认为，我们自己的社会使亲属关系和婚姻理论丧失价值。纳人也不会。简单地说，这些社会仅仅是未赋予或不再赋予亲属关系和婚姻调节其运行的价值，而转向于其他机制。亲属关系和婚姻制度在不同文化中具有不同的重要性。对于某些文化，它们提供了管理社会关系的有效原则。但在其他文化中，例如我们的或纳人的，这个功能是不存在或被大打折扣。

这些思考，始于几个月前一个让公众不安的事件。它让我们了解，要进一步理解某些社会功能的深层动力，我们不能仅借鉴于与我们时空距离十分遥远的社会。

不久之前，要解读一些不再知道其意的古老或近期的风俗，例如野蛮民族之间尚存的某种社会状态，我们几乎自动求教于人类学。然而我们发现，与这些过时的原始主义相反，某些在我们历史上已被证实的社会形式和组织类型，在某种情况下，可能再度具有现代性，并且能够回溯至那些与我们的时空距离十分遥远的社会。所谓复杂或先进的社会，与被误称为原始或古代的社会，两者之间的距离远较人们认知的小上许多。远方照耀了近处，近处也能照亮远方。

本文发表于 1999 年 4 月 16 日

出自 “I miti uno sguardo dentro la loro origine” , *La Repubblica*, 16 avril 1999

结构分析的拥护者知道，他们承受一种批评时，必须在适当的时候回应。人们批评他们滥用模拟，而且满足于最肤浅的比较；或者不顾一切地运用既不合理且须受质疑的模拟。这仿佛是他们内在固有的弱点。由结构分析而产生的联想，在某些人眼中，就像中学生玩的换字游戏，每个人由前一个字的最后一个音节或一些音节开始，致力于词汇学中最不协调的范畴。

这个游戏对年轻心灵的吸引力也值得探究。我们不能以寻找谐音叠韵，也就是寻找诗意来解释它。叠韵[1]是诗人以散文笔调来表达无以名状的现实的方式之一。因此，这个游戏以粗略的形式，经由押韵、串联、句首连韵[2]，甚至是双重连韵[3]，触及了老诗人熟悉的诗学方法；它还使人联想起日本诗学中

1 叠韵（assonace）指的是在位置相近的几个字中，相同元音的重复。但又指元音相同，字尾的收尾辅音不同，例如 peindre 与 cintre 的发音。

2 句首连韵，在句首重复前一个句子的最后音节。

3 双重连韵，在句首的前两个单字与前一个句子的最后音节的音韵类近。

的“挂词”[1]，同一个音节或同一组音节同时拥有两个意义。在灵活运用相似性和差异性的同时，韵脚也突显了声音和意义之间的对等关系：“单纯地以声音的角度来看待韵脚，将犯了过分简化的错误。韵脚必然涉及一种语义关系。”（雅各布森[Jakobson][2]，1963年，第233页）。

因此，并非将这些模拟放于次要的位置就能摆脱结构分析所做的这一连串模拟。打个比方，若我们以同样方式看待韵脚，那就犯下了错误。因为不管是模拟或者叠韵，都负载着比我们所想象的还要多的意义。就像演绎推论一样，这些模拟必须能够提出证据来证明它所得到的结论。我想要通过一个例子来解释（列维－斯特劳斯，1985年）。

那么就以制陶的黏土作为起点吧，由黏土联系到夜鹰。因为在某些神话中，黏土是果，夜鹰是成因。夜鹰的意象一旦形成，就由此翻转为树懒的意象，这两者在许多特征上形成一组对照。树懒与其他生命形态相似的动物，全部被归入树栖动物的概念下，而这个概念在神话中被导向无肛门的矮人族，他们是这群动物的形象代表。最后，经由在另一个半球

1 挂词（kakekotoba）是和歌中利用一个词的同音异义，使其在前后文中表达双重意思的一种修辞技巧。类似双关语。挂词作为诗歌中一种富有魅力的写作策略，在日本文学传统中评价甚高。

2 罗曼·雅各布森（Roman Jakobson，1896—1982），俄罗斯语言学家、文学理论家，20世纪前期语言结构分析学的先驱。

可以观察到的、颠倒而对称的关系，联系到无嘴矮人一族。

这一连串的移转，有时属于逻辑，有时属于修辞学，甚至涉及了地理学范畴。它们立基于连续性、相似性、等同性或反转的关系，或是一语双关，或是转喻或隐喻。如何说服人们相信，这些选择不是任意的，有其道理存在？它们难道不会离出发点愈来愈远，就好像我们在这个历程中把陶器忘记了（它在神话中的地位已提供它在调查中存在的理由）？有一篇评论，在引述于美洲神话中，树栖动物被视为矮人一族转化而来的假设后，提出异议："但我们只能假想，因为……大部分的这些关系都只是假设性的，没有神话来证明它们……在《嫉妒的制陶女》中，这些神话应该占有一个策略性位置，但是作为证据而言，它们并不显著。"（阿瓦德·马克斯［Abad Márquez］，1995年，第336页）

然而，这个每一阶段都有新假设、新推论出现的曲折过程，只要一个前所未见的新神话出现，便能立即且全面地被验证，然后越过中介者，直接整合前提和结论。由埃尔莎·戈麦斯–安贝尔女士（Elsa Gómez-Imbert）所收集的，沃佩斯地区（Vaupès）塔图悠（Tatuyo）印第安人的神话即是一例。戈麦斯–安贝尔女士体认到这个神话对我的论述至为重要，在发表之前就预先告诉我内容。在此表达对她的感谢。

这个神话可以分为两部分。第二部分是关于钵盆的制造，属于女性的工作，神话中并解释了此项工作为何变得艰辛。我先将这部分暂置一旁。第一部分则追溯到时间较早之时：讲述关于陶器的原料，也就是黏土的源起。

一名在钓鱼的印第安男子，偶然遇到了森林之神，桑－阿努斯[1]。在森林之神出现时，男子将一只小动物放走了。惊讶的森林之神循声探究嘈杂的来源。男子向神解释，这是他的肛门在说话。神灵承认自己没有肛门，于是印第安人建议替他钻一个，并且用削尖的木条猛烈刺入，杀死了神灵。现在的人们从这个洞里采掘黏土，而那就是神灵的腐肉（戈麦斯－安贝尔，1990 年，第 193—227 页）。

要证明黏土的起源神话与无肛门矮人的起源神话属于同一个体系，并确定原因，长达百页的繁复论证是必要的。这个漫长历程的正确性，将由一个诉说桑－阿努斯等同黏土的神话来证明。

*

以同样的方式，一个始终处于研究范围之外的神话，能够用来证明我们基于两组神话所假设而得的联系：这两组神话，其一是关于陶器的起源，另一者是关于鸟类色彩的由来。

1　桑－阿努斯（Sans-Anus）的意思即为“无肛门”。

首先要知道，在美洲，陶器的起源神话通常可分为两组，一组是处理陶器起源的问题——就像塔图悠神话的第二部分；另一组则是关于钵盆的制造和装饰。这种技艺是由神奇的制陶女传授给妇女，神话中由彩虹，或是生活在水底深处的可怕大蛇来代表她。她皮肤上多彩的装饰图案，在今日仍是陶艺师复制的对象，是他们装饰作品的灵感来源。

但在其他的神话中，这条蛇的出现是在一个非常不同的故事中：因为大蛇是小鸟的敌人，小鸟们团结起来要消灭它。杀了蛇之后，它们分享了它的遗体。根据落在身上的皮肤，每一只鸟（代表一个品种），皆得到了它独特的颜色。

通过色彩装饰，鸟的颜色、绘饰陶器以及黏土之间建立起联系。乍看之下，这当中没有什么是必然的，然而有一个神话可以用来论证两者的统一性。它来自尤卡坦（Yucatán）的玛雅印第安人。虽说尤卡坦距离亚马孙很远，但关于南美神话中色彩装饰的作用，我们最初的思考都已经推论至墨西哥了（列维－斯特劳斯，1964年，第329页；1967年，第26页）。

这个神话，已知的即有好几个版本。根据最近的版本，不停争吵的鸟儿们，由伟大祖先召集开会来决定它们的国王。野生火鸡参与候选，夸耀它匀称适当的比例、悦耳的声音。但它的羽毛不够漂亮，于是它向夜鹰商借羽毛，并且当选了。夜鹰等待着火鸡归还它的羽毛，却空等一场。鸟儿们发现它躲在树林里，赤身裸体，几乎要冻死了。基于怜悯，每只鸟儿都给了它自己的一根羽毛。这就是为什么今日我们所见的夜鹰的毛色是混合的。（博卡拉［Boccara］，1996 年，第 97 页）

事实上，夜鹰的羽毛是一种混搭着灰色、黄褐色、棕色和黑色的细腻颜色。它黯沉、不显眼的色调，与土地或树干的颜色融合在一起。

这则神话显然遵循一个倒退的顺序。与其他神话相反，它并没有诉说鸟儿如何得到其独特毛色，而是告诉我们夜鹰如何失去了它的羽毛，而且恢复到毫无区别化的色彩，也就是所有鸟最初时的样子。在提及陶器起源时，神话也以同样的方式进行：他们叙述一个言语轻率（也就是说话毫不节制）的女人，如何失去了来自神奇恩人的钵盆；它们被打破成碎片，再次成为各个小黏土团。在塔图悠神话中，这个物质等同于一个没有肛门的痛苦人物（只是他不是上身的嘴巴过于开放，而是下身过于封闭）。

将绘饰的陶器引领至黏土，和将毛色多彩的鸟类导向毛色混杂黯淡的夜鹰，所经的路径是平行的。或者，如果这样形容比较好的话，就色彩的关系而言，夜鹰之于其他鸟类，就像黏土之于彩绘陶器。因此，吉瓦罗[1]神话汇集了夜鹰和黏土，

---

1 吉瓦罗（Jivaro），居住在秘鲁北部和厄瓜多尔东部的印第安原住民。

成为陶器相关神话中的基本单位，这样的选择也就能够被认可。

相较于为了论证而必须在神话间发展出长篇联想，神话作为证据则有剩余物的特征：只有基本要素会留存下来。就像算术一样，验算是以一个比较简单、相对应的操作（经由单一神话），来取代复杂的操作（在此指的是通过许多个神话来展现），然后检查两者的结果是否一致。

然而，即使结果被证明是正确的，没有什么可以确保我们不是靠运气获得这个结果，而且这些联想串连的方式，与分析者心智之外的某些真实事物相符。要证实这一点，就必须提出加倍的证据。用算术来比较是有风险的，我们必须要谨慎。因此，由新神话（因为在调查时或调查的历程中都未曾接触这个神话，所以被视为是新的）所带来的新证据，皆有一个共同点，就是它仅仅可能为真，并且还能追求更多的确定性。但在所谓的人文科学领域里，这已经很多了。

参考书目

ABAD MÁRQUEZ L. V., 1995, *La Mirada distante sobre Lévi-Strauss*, Madrid, Siglo veintiuno de España Editores (Centro de investigaciones sociológicas, colección monografías, num. 142).

BOCCARA M., 1996, “Puhuy, l'amoureux déçu. La mythologie de l'Engoulevent en pays Maya”, *Journal d'agriculture traditionnelle et de botanique appliquée*. vol. XXXVIII (2).

GÓMEZ-IMBERT E., 1990, “La façon des poteries. Mythe sur l'origine de la poterie”, *Amerindia*, Paris (publié avec le concours du C.N.R.S.) , no. 15.

JAKOBSON R., 1963, *Essais de linguistique générale*, vol. I, traduit et préfacé par Nicolas Ruwet, Paris, Les Éditions de Minuit.

LÉVI-STRAUSS C., 1964, *Le Cru et le Cuit*, Paris, Plon.

——1967, *Du miel aux cendres*, Paris, Plon.

——1985, *La Potière jalouse*, Paris, Plon.

本文发表于 2000 年 3 月 9 日

出自 “Gli uomini visti da un’ameba” , *La Repubblica*, 9 mars 2000

因为一位美国医学教授的文章，我得知了一个理论，它将人类的繁衍比作地球的肿瘤。他的论证方式严谨明确，令人印象深刻。但受限于我的能力，在此只能提供一个简化的版本。

这位教授解释，在（地质学上的）第四纪初，非洲的陆生脊椎动物，尤其是灵长类动物的干细胞，产生了类近人类的组织体。这些组织体在当地是健康的，但到了近东地区，它们通过皮肤接触到更丰富多样的养分变成了恶性，然后在被由人类驯化的植物或动物的组织吸收以后，完全变成肿瘤。

这些恶性细胞以微型农业的形式，在欧洲南部和亚洲的黏膜下区域迁移。在近东地区，这些移转甚至发展成厚板的形态（urbanoïde），在当中出现了许多锂质、铜质和铁质的包涵体（inclusion）。

这些原本长期局限在东半球的聚合性肿瘤，引发了西半球类似细胞中的潜在的恶性。这种现象被称为“哥伦比亚推展”（progression colombienne），是来自西班牙和盎格鲁－撒克逊的复制细胞重组。

肿瘤愈来愈严重，病情呈现出全面性的发热状态，以及产生受文化因素影响而导致的急性呼吸窘迫症状，这些文化因素如：吸入石油蒸馏物、氧气总量减少、森林构成的肺部出现了空洞。在接近末期的阶段，血液中显示毒性代谢物的浓度很高，来自有机杀虫剂和海洋表面的碳氢化合物浮层的外来化合物比率异常，金属性或塑料物质造成栓塞。衰败的血管引起肿瘤赘生物的坏死，这些赘生物主要是由数个世纪前、数目超过六十亿的细胞所形成。它们被从城市掏空，最后只剩下贫瘠的内源性囊肿。[1]

这就是来自他方的医生对于整体被视为一个生态系统的地球，所做的诊断和预测。即使我们在前文中只看到一个聪明的隐喻，其中却富含寓意：同一套语言可以深入描述两种现象，这两种现象当然都与生命有关，但分属于个人历史或集体历史。

由此，我们看到两种诠释方式。一种是由结果回溯到之前的历史，试图确定现象产生的一个或一连串原因。另一种方法可以说是横向的，在待诠释的现象中，看到某一种典型的

1 威尔森（D. Wilson），《现代世界的人口结构：马尔萨斯恶性肿瘤》（“Human population structure in the modern world: A Malthusian malignancy”, *Anthropology Today,* vol. 15, no. 6, december 1999, p. 24）。——原注

转移，而这个典型在另一个层面上，已经有相同的属性，因此，它为待诠释的现象提供了足够的理由。关于这类型的比较，语言起源的问题提供另一个同样发人深省的例子。

近五十多年的研究证实，言语对于一些灵长类动物来说，并非遥不可及。但事实是，人类的语言与动物在天然环境中发送的任何信息都不相同。有些特点是专属人类的：想象力和创造力，运用抽象和处理时空远距对象的能力，还有人类独创的、语言的二重结构（double articulation）。二重结构意指：第一层由可辨认的最小单位构成，这些单位在第二层时组合起来，形成有意义的单元，组成字词和语句。

我们不知道，是什么样的先决条件，产生人类所拥有的大脑能力。巴黎语言学学会曾经表示，因为缺乏与语言起源相关的生物学理论，因此拒绝所有关于此议题的讨论。然而这议题仍是有效的。或许我们没有办法知道，人类的语言是如何脱离动物性的沟通，进展到现今的模式。这两者的区别是本质上的，而不是程度上的，并且这个问题似乎在任何时间都显得难以解决。所以古人——甚至某些现代人——把人类的语言视为一种神圣的职能。

遗传密码的发现则使这些猜测失去效力。它向我们展示了，在与人类语言相距遥远、位于其下的一个层级，有符合言语的原型存在，它同样也是生命的一种表现方式。口语符码与遗传密码——只有它们两者——使用数量有限、如同音素般不具意义的离散单位，互相组合在一起后，产生如字词般的有意义的最小单位。这些字词构成语句，语句当中还包含了标点符号，以及支配这些微小信息的语法。此外，就像人类的语言，遗传密码的字词可以根据上下文改变涵义。在人类拥有语言能力这件事上，即使我们不应低估学习的重要性，但掌握语言结构的天赋，必然来自他生殖细胞内的编码指令。当我们开始探究人类语言的基础，基因遗传的问题就出现了。遗传密码的结构以及人类语言符码的潜在结构之间，存在有同构性。这个普遍的构筑，让人想到应该来自智人的分子遗传（而且在能人，甚至直立人身上，语言活动所仰赖的大脑回路似乎已经存在）。语言结构因此得以仿照分子间联系的结构原理。同样，转移到细胞层次，人类的繁衍扩散，与癌症疾病分类学的发展一致。

现在考虑第三个问题，即人类社会的起源。自古以来，哲学家不停探究这个问题。它和语言起源有相同的困难：在“没有语言”与“出现语言”之间，分界是如此清楚，寻找中介的过渡形式完全徒劳无功。然而，这段过渡形式的确存在，只要往更深入的层次去寻找：人口扩张的细胞、语言的分子、社交性的细胞等。

如何从个体独自生活演变到群体生活，我们在陆生阿米巴原虫身上能够观察到，而且科学上是可以解释的。这些单细胞生物在食物充足时独立生活，不与同类接触；但是，当食物开始缺乏，它们就会分泌一种物质，吸引彼此接近。它们凝聚在一起，组成一种具有多种功能的新形态组织。在这个社会化的阶段，它们移动身体接近比较潮湿和温暖、食物充足的地区。然后社会解体，个体分散，每个个体又重新回到单独的生活。

这个观察报告引人注意的是，阿米巴原虫所产生的物质、借以吸引进而形成一个多细胞社会存在体的，是一种已知的化学物质——环腺苷酸[1]，多细胞生物借此控制细胞之间的信息交流（包括人类自己），因此每个个体的身体都像一个巨大的社会。但是这个化学物质也与阿米巴原虫食用的细菌所分泌的物质相同。当阿米巴原虫察觉到这种分泌物，它就能找到这些细菌。换句话说，吸引捕食者接近猎物的物质，与吸引捕食者互相凝聚和组合成社会的物质相同。

在细胞生命这个微末的层次上，继培根、霍布斯以及他之后的许多其他哲学家所遭遇的矛盾，终于找到解决之道。这意味着他们必须克服两项准则之间的自相对矛盾，因为两项准则都是真实的：人对人类而言是一头狼，也是上帝（homo

1 环腺苷酸（adénosine monophosphate cyclique）是一种具有细胞内信息传递作用的小分子，被称为细胞内信使或第二信使。

homini lupus, homo homini deus[1]）。然而一旦我们体认到，这两个状态之间的差别只在于程度，吊诡立即消失。

以此为原型，陆生阿米巴原虫使我们可以将社会生活设想为一种状态，当中的个体互相吸引，但程度仅止于让他们互相靠近，而不是在压力日益强大的情况下开始互相毁灭，甚至吃掉对方。社群性因此比较像侵略性的底线，或以人们更喜欢的用语来说，是良性形态。人类社会的日常生活（包含我们的），以及所经历的重大危机，提供了很多论据支持这种解释。

我所列举用来讨论起源问题的三个例子是以与我们的习惯做法完全不同的角度来论述的。之前，我们想要追溯这些问题的起因时，因为仍然缺乏某些主要的特质，所以总是难以克服。然而，当我们在某处发现另一个整体，能够与我们试图理解的问题并置对照，就像是以此为原型仿制出来的，起源的问题将因此不再存在：被阻挡的地平线出现了。我们再也不用追问它是怎么来的，因为它已经在那里了。

这种观点并非新鲜事。中世纪的思想家也曾有类似想法，而且能够从 18 世纪维柯的覆辙理论（corsi e ricorsi）中见到。根据这个理论，人类历史的每个时期都再现了前一个循环中

1　拉丁格言，意指人类对他的群体而言，是最大的敌人，也是无所不能的人。

相对应时期的形态。这些时期是一种形式同源的关系。古代和现代的平行对比，可以证明所有人类社会的历史都在不断重复一些典型情况。如果我们多少相信刚才举的三个例子，这不也是它们所要阐明的吗？就集体范畴而言，人口增长的情况就像是癌症增殖援引之途（ricorso），语言代码就像遗传密码援引之途，多细胞生物的社群性就像是单细胞的社群性援引之途。

当然，维柯可能将他的理论限制在人类社会随时间展现的历史之中。但除了经验数据之外，对他而言，这是实现“遍览所有国家历史的永恒理想史”[1]的主要方式。他的尝试首先立基于只有上帝自己知道的自然世界（因为他创造了它）以及人类世界或世俗世界（由人类创造，因此能够理解）之间的区别。然而，使人类历史不断地回到自身的这个弧形，根据维柯的理论，事实上是神圣的天意。透过覆辙理论，人们意识到他们的历史所遵循的法则，历史的神秘面纱由此揭开。或许也可以这样形容，经由小门，他们有机会接触这些意旨，并开始能够在一个更大的舞台上识别它们。在这个例子

1 詹巴蒂斯塔·维柯（Giambattista Vico），《新科学》（*La Science nouvelle*, 1744, Livre Premier, quatrième section, paragraphe 349, 由阿兰·庞斯译自意大利文 , Paris, Fayard, 2001, p. 140. G. Vico, *La Scienza nuova* [1744], *Opere*, tome 1, a cura di Andrea Battistini, Milan, Mondadori [I Meridiani, 1990], 2001, p. 552）。——原注

上来说，就生活中的所有现象，人类历史也是其中一部分。

因此，维柯显得古怪、无足轻重的覆辙理论，实际上具有重要的贡献。因为若人们对自己历史的认识，让他们了解，上帝的眷顾总是根据相同的、数量有限的模式在运作，那就可以从上帝对人类的个别意志，推论到他的一般意志。虽然在维柯的时代，科学还无法让他采取这个途径，但他的理论开辟了一条引导思想结构到现实结构的路径。

文
景

社科新知 文艺新潮

Horizon

我们都是食人族

[法]克劳德·列维-斯特劳斯 著 廖惠瑛 译

出 品 人：姚映然
策划编辑：朱艺星
责任编辑：朱艺星
装帧设计：梁依宁

出　　品：北京世纪文景文化传播有限责任公司
(北京朝阳区东土城路8号林达大厦A座4A 100013)
出版发行：上海人民出版社
印　　刷：山东临沂新华印刷物流集团有限责任公司
制　　版：北京大观世纪文化传媒有限公司

开 本：890mm×1240mm 1/32
印 张：7 字 数：122,000 插页：2
2016年8月第1版 2025年1月第5次印刷
定 价：69.00元
ISBN：978-7-208-13885-8/C·520

图书在版编目（CIP）数据

我们都是食人族/（法）克劳德·列维-斯特劳斯著；廖惠瑛译.—上海：上海人民出版社，2016
ISBN 978-7-208-13885-8

Ⅰ.①我… Ⅱ.①克… ②廖… Ⅲ.①人类学-文集
Ⅳ.①Q98-53

中国版本图书馆CIP数据核字（2016）第139091号

本书如有印装错误，请致电本社更换 010-52187586

Nous sommes tous des cannibales
Précédé de Le Père Noël supplicié
Avant-propos de Maurice Olender
by Claude Lévi-Strauss